5G机会

5G将带来哪些机会，如何把握

项立刚◎著

中国人民大学出版社

·北京·

推荐序

人类社会的发展，往往建立在能源、信息、材料、生命科学等技术的进步之上。历次信息技术革命不断扩展人类获取、传输、交换信息的方式，从量变到质变，推动着人类社会政治、经济、文化不断前进。

传统互联网时代，由于计算机设备不易携带、网络带宽小，人与人、物与物之间的交互更多地体现在信息传输和展示上，难以从根本上重塑产业链条。到了移动互联网时代，智能手机及高速网络开始普及，替代了大部分原本需要手工或电脑完成的工作，带来了各类交互方式的创新和效率的提升，尤其是在面向消费者的电子商务、社交媒体、移动游戏、金融科技等领域，诞生了亚马逊、Facebook、腾讯、蚂蚁金服等科技巨头。随着移动互联网的新增流量逐渐饱和，业务增长已经逐渐触及天花板，信息技术革命迫切需要寻找下一个潜在增长点。

随着近年来消费互联网领域人工智能、区块链、大数据等技术的实践以及未来 5G 基础设施的大规模铺开应用，一个不可阻拦的大趋势是产业互联网的技术革命，即在 5G 引领下，整合了人工智能、区块链、大数据、云计算的下一代数字化产业互联网。这个新型的面向产业、面向B端的互联互通网络，将重塑整个产业链条，打破过去低效率、高成本、高时延的产业组织方式，带来产业效率的倍增。传统产业规模巨大，数字化转型带来的价值空间也非常巨大。全国目前有60余个千亿美元级的产业集群，根据测算，仅在航空、电力、医疗保健、铁路、油气这五个领域引入数字化支持，假设只提高1%的效率，那么在未来15年中预计可节约近3 000亿美元；如果数字化转型能拓展10%的产业价值空间，每年就可以多创造2 000亿美元以上的价值。所以，如果说中国的消费互联网市场只能容纳几家千亿美元级的企业，那么在产业互联网领域有可能容纳几十家、上百家同等规模的创新企业。

产业互联网的发展，一项极为重要的关键基础设施就是5G的大规模推广商用。5G不仅是一项技术，还是融合传统产业、改变旧生态的加速器。如果把5G比作“电力”，我们就能直观地感受到这项基础设施升级可能带来的潜在价值。电力如今在生活中极为常见，用电驱动基本上成为大部分设备的选择。大部分设备接入了电力，但由于带宽的速率、流量、成本限制，无法接入网络，仍然需要人们用极为低效的方式管理。5G一旦普及，其带宽成本、设备时延可能降到现在的1/10甚至1/100，所有的传统设备识别、监控等皆可“上网”。从工厂生产来看，全部流程可以通过5G加数字化技术实现自动化、智能化，原材料采购、运输、生产、销售将能够全部通过人工智能完成。在家庭生活中，所有的设备运转可以交由人工智能控制，人类可以彻底从烦琐的日常生活中解放出来，投入到文化、艺术的创造之中。

如今，全世界的5G建设正如火如荼地展开。2020年以来，党中央、国务院、国家发改委、工信部明确了以信息基础设施、融合基础设施以及创新基础设施为主的新型基础设施建设（新基建）战略。新基建主要是指基于新一代信息技术演化生成的基础设施。例如，以5G、物联网、工业互联网、卫星互联网为代表的通信网络基础设施；以人工智能、云计算、区块链等为代表的新技术基础设施；以数据中心、智能计算中心为代表的算力基础设施等。无论是通信网络基础设施、算力基础设施，还是新技术基础设施，都是为中国的数字经济转型而准备的。新基建的价值，不只是建设项目本身的投资拉动作用，还有由这三类基础设施助力其他行业数字化转型所带来的无穷价值。这个过程，不仅需要数百万个5G基站的建设，更需要对基于5G的商业模式、业务模式进行研究、探索、思考和总结。研究5G业务不是实验室对实验室，也不是书斋中的空想，而应该在实践中体验、感受、探索，再条理化、理论化，发现它的特点与规律。这不仅需要理论高度、实践经验，还需要长期的产业积累和观察。

项立刚长期观察和研究通信业，热爱技术，热爱发明，是5G业务与应用的亲身实践者。他拥有多项发明专利，最大的长处是善于把复杂的理论通俗易懂地表达清楚。我和他就5G和信息产业的很多问题有过沟通。能够系统性地把通信各个领域的知识纵横自如地讲清楚，又能够把握重点、纲举目张的大师，他可以算一个。因此，他对5G业务、模式的观察和研究，既较为清晰，又较为前瞻。之前他所著的《5G时代》是一本清楚讲明5G概念和意义的书，在业界有非常大的影响。《5G时代》在全球5G相关图书中销量第一，被电信运营商、企业作为了解5G的必读书。这本《5G机会》进一步探讨了5G产业未来会有哪些机会，怎样才能抓住这些机会，无论是业内人士还是关心5G的读者朋友，都值得一读。

黄前松

2020.6.1.

前　言

移动通信的发展已经经历了四代，分别是第一代的模拟通信、第二代的数字通信、第三代的数据通信和第四代的高速度数据通信，它们极大地改变了现代人类的生活方式，提升了社会效率，强化了社会能力。但是当这些移动通信技术刚出现时，无论是政府、产业还是社会，对它们的关注度都不高，社会上甚至充斥着很多反对的声音。

第一代移动通信在美国被发明时，推动这项技术研发的AT&T 公司的市场调研结果是：很多用户认为，我们家里有电话，我们办公室有电话，我们为什么还需要一部可随身携带的手机？所以对于研发移动电话，AT&T 自己也充满了犹疑。全世界很多国家开始建设移动通信网络时，美国还没有发放移动通信的牌照。

第三代移动通信开始建设时，在中国就存在强大的质疑声和反对声，这些声音不是社会上普通人的闲聊，其中不少来自专业的通信院校，例如北京邮电大学、南京邮电大学都有知名教授站出来反对 3G 的建设，理由是技术的实现可能、产业机会等，不一而足。这些反对声甚至在一定程度上影响了某些大学学术研究的进展。受到这些教授的影响，许多学子放弃了第三代移动通信的研究，不将其作为自己的研究方向，最后导致某些学校在 3G、4G 发展中缺乏人才和能力，也缺乏项目，因而近年来的影响力和科研能力受到很大影响。

而对通信技术缺乏了解的其他领域更是如此，不少中国经济学家都攻击过中国第三代移动通信的研发，把 TD－SCDMA 的研发当成一个负面的例子，认为这是在利用国家力量干预科技和经济，是一种不可取的模式。

很长时间以来，中国通信业的研发人员只能夹着尾巴做人，经费受到很大影响，社会舆论负面，努力工作的通信人社会形象很差。

令人欣慰的是，在这样恶劣的社会舆论环境下，还是有一批有坚定意志、有奋斗精神的中国通信人在努力着。2G 一无所有，3G 追赶，4G 并跑。进入 4G 时代，中国通信设备、终端能力渐渐达到世界先进水平。华为、中兴跻身全世界最强大的通信设备制造商阵营，华为、OPPO、vivo、小米、联想、中兴、传音等企业成为全世界知名的智能手机企业。

非常有必要一提的是，中国电信运营商在 4G 时代建设了全世界最强大的移动通信网络。2019 年初，中国移动通信基站达到 732 万个，占全世界移动通信基站的 60%。中国的移动通信网络是全世界品质最高的网络，不仅在大城市，而且在乡村，乃至偏远的西藏、贵州等地都建设起了覆盖很好的移动通信网络。随着政府提速降费政策的推动，大量的普通人不但用上了智能手机，而且用得起。在全世界很多地方，包括发达的欧洲、美国，网络覆盖并不那么好时，中国农村的老太太们已经用智能手机组建了一个个微信群，每天在群里聊天，分享家长里短，打发寂寞时光。一个身处偏远农村的老人，也可以通过网络平台把家里的农产品卖到中国各地。

移动网络覆盖拉动了中国移动互联网的高速发展，覆盖良好的精品网络、超低的资费、14 亿用户资源，为中国移动互联网提供了无限的可能。互联网从传统的信息传输平台迅速过渡到生活服务平台，中国的移动互联网公司抓住了这个发展机会，移动支付、移动电子商务、共享单车、共享汽车、外卖、导航、手机游戏等在短时间内惊人喷发，极大地改变了人们的社会生活方式。

每一种生活需求，都会有移动互联网参与进来，提供高效、方便、有价值的服务。一部智能手机，几乎可以解决所有的生活问题。这在全世界其他国家难以想象，在今天的中国却已成为现实。

4G 的发展，用大量实际例子教育了中国的民众而言，大家深切理解了移动通信给生活带来的深远影响，那些曾经的反对者，今天也成了移动互联网的忠实用户。

4G 改变生活，5G 改变社会！这样的口号，对于绝大部分中国民众而言，接受起来不再那么困难。经济学家们也不再敢站出来攻击新一代移动通信技术以标榜自己。

中国 4G 的发展，也给美国这样的世界强国很大震动。随着通信系统设备的落后，在标准领域话语权的下降，美国开始行动起来，把 5G 的发展当作国家战略。美国总统特朗普认为 5G 竞赛是一场美国必须赢的比赛。美国《纽约时报》把 5G 看作比电还重要的发明创造。

非常有意思的是，为了争夺谁是世界上第一个实现 5G 商用的国家，美国和韩国进行了一番竞争。

2019 年 4 月 3 日，美国宣布正式进入商用，其实美国并没有做好相应的准备：美国没有自己的通信系统设备公司，要建设 5G 网络只能采用其他国家的 5G 设备；威瑞森、AT&T 等公司只是在美国十几个城市少量的地方建设了几千个基站。

令人意想不到的是，美国抢占全球 5G 商用第一的名头遭到韩国的偷袭，就在美国宣布正式商用前 1 个小时，此前没有做任何宣传的韩国，突然向全世界宣布韩国已经开始了 5G 的正式商用，并且向首批用户赠送了 5G 手机，让美国吃了个哑巴亏。

全世界对 5G 的争夺、中国从政府到产业再到消费者对 5G

的关注，说明了一件事，那就是通过 4G 的发展和普遍应用，人们已经认识到移动通信技术在社会发展中扮演的重要角色，对 5G 在未来社会中的影响抱有深切的期望，相信 5G 将是一个改变世界的巨大机会。

作为一个行业专家，笔者在 3G、4G 时代经常出去讲课，主要是针对电信运营商，内容包括 3G、4G 如何改变产业，会带来哪些机会，它的商业模式、业务模式怎样等电信运营商关注的问题。5G 时代到来后，我讲课的时间不仅增加了数倍，主要的授课对象也从电信运营商转向了地方政府、银行和房地产开发商。

地方政府关心如何运用 5G 提升现代社会管理的能力，助力提振地方经济，让 5G 成为经济发展的新引擎。越是经济发达、竞争能力强的地区，地方政府越重视 5G。为了推动 5G 的网络建设，深圳、广州等城市对电信运营商的网络建设给予补贴，通过各种优惠政策，推动本地尽快完成 5G 的网络覆盖，让 5G 成为经济的推动力量。

银行关心 5G 在哪些产业会创造出新的商业机会，自己的资金向这些产业投入和流动时，可以抓住商机，取得好的投资回报。

房地产开发商在传统地产面临上升空间受限的情况下，希望通过智慧社区、绿色建筑和智能家居找到新的生机。

5G 时代到来后，所有人都知道 5G 蕴含着大机会，但是 5G

究竟有哪些机会，这些机会会在什么时间出现，如何把握5G机会，这些在很多人心中还是非常疑惑的。

笔者是中国第一批5G业务使用者，2019年6月就成为中国移动、中国电信、中国联通的首批5G友好用户、5G体验官，带着数部5G手机，行走于北京、上海、广州、深圳、合肥、南昌、杭州、防城港等十余个城市体验5G网络，访问了数十个机构、企业，了解它们5G业务的试用情况。对于中国5G的部署和使用，笔者有着大量的第一手资料和现场体验。

作为通信行业的观察者和研究者，同时也是5G业务的研发者，笔者很久以来就在观察这个行业，自己投资成立了创业公司，开发智能互联网产品，并且成绩卓著。对于一些未来的5G业务，笔者不仅在观察、研究，同时自己也去申请了专利，希望在实践的基础上把5G应用到工作与生活中去。

用实际的观察、分析和感受，用自己在一线的体会，用前瞻性的眼光去剖析未来，笔者希望和大家一起分享5G机会。让更多人不仅知道5G是什么，还能更清楚5G能做什么，甚至悟出自己能用5G做什么，这是本书希望达到的目的。

目　录

第一章　5G的场景、特点与技术

构成人类世界的重要元素有三个：能源、信息、材料。

曾经，人类所能获得的能源存储在身边的茅草、树木等事物中，这些能源的能量密度小，需要大量砍伐，人类才能获得足以生存的能源。人类通过食物获得生物能源，在人类几千年的历史中，人们一直在想方设法获得更多的能源，得到更多的能量支持，因为这是生存的基础。一直到20世纪60年代，缺乏足够的生物能源还是我们不得不面对的一个现实问题。

化石能源能量密度大，它的出现让近代工业得以诞生。电的发现让能源可以大规模远距离传输，极大地推动了社会发展，为信息技术的发展奠定了基础。

材料是信息和能源的基础，石器、青铜器、铁器赋予了人类战胜自然的能力。信息和能源的存储与传输都离不开新材料。

能源存储能力和传输能力的变化，奠定了人类工业革命的基础。信息的存储与传输也构成了人类文明的基础。

六次信息革命改变人类社会

和能源、材料一样，信息也是推动人类社会发展的根本力量，人类一直通过提升信息的分享、传输和存储能力来提升自己的能力。从古至今，人类已经经历了六次信息革命。

第一次信息革命：语言成就人类。世界上有各种各样的动物，有些成为地球的统治者，而另一些一直在食物链底端，动物进化的一个重要因素就是信息能否分享。

一头猪的进化速度非常慢，因为它对世界的认知很少，且随着它的死亡，这些积累起来的认知会被完全丢弃，下一头猪对世界的认知积累又要重新开始。

猿猴过着群居的生活，一只猿猴对世界的认知可以分享给其他的猿猴，每一只猿猴对世界的认知可以积累起来，增加其他猿猴的能力，这大大促进了猿猴这种动物的进化。

猿进化为人，语言起了至关重要的作用。智慧的来源就是信息的交互和传播，语言帮助猿猴这种动物大大加快了进化的速度。

语言的出现是人类历史上的第一次信息革命，也是人类出现的重要力量。

第二次信息革命：文字创建文明。人类文明的出现是指人通过进化，脱离了动物的野蛮性，用智慧建立起了一定的社会规则。在这个过程中，文字起到了巨大的作用，甚至可以认为是人类文明的一个重要标志。

语言发展早期，信息依靠口耳相传，是即时消失的。口语很难被固定成稳定的信息传输手段。而文字可以将信息固定，这更容易帮助人类进行逻辑思考，也可以帮助人类把对世界的认知与思考一代一代绵延流传下来。文字的出现大大强化了人类社会的规则力量，因为信息可以被固定下来，这让规则的形成成为可能，在这个基础上，法令、制度也相继出现。

今天我们有几千年人类文化、历史、科技知识的传承，文字在其中起了重要的作用，可以说文字创建了人类文明。这是人类历史上的第二次信息革命。

第三次信息革命：印刷术推动古代文明。信息可以分享、记录，人类的文明需要远距离扩散。远距离的信息传播，是人类历史上的第三次信息革命。

信息只有低成本、大容量地远距离传输，才能实现知识和文化的扩散，即实现文明的传播。

信息最早的远距离传输手段是狼烟，它只能传达单一信息。把千字容量信息的竹简送到其他地方，需要一辆马车才行。纸和印刷术的出现，彻底改变了人类信息存储和传播的模式。纸的出现，让信息可以低成本地大量存储和传播；而印刷术的出现，使信息的大规模远距离传输得以实现：这是人类社会古代文明的两座高峰。

一直到硅这种材料出现之前，人类绝大多数的信息都存储在纸上，以各种典籍的形式呈现，图书是最全面的信息综合体。人类的文化知识都是通过纸和书籍保存下来的。

语言、文字、印刷术代表了人类古代文明。

第四次信息革命：无线电引领近代文明。在信息已经可以分享、记录、远距离传播的情况下，人类更高的追求是实现信息的实时传播。古代最先进的信息传输技术不过是驿站，它无法做到信息的实时传输。

电的出现，使人类的时空观完全被打破，无线电以每秒 30 万公里的传输速度，极大地突破了时间对人类的限制，电报、广播让信息得以实时传播。人类历史上，信息第一次带有强大的社会动员能力。

在无线电面前，人类突破了时间和空间的限制，可以在信息领域最大限度地放飞自我，这也成为近代科学的一个重要里程碑。

在量子通信到来之前，人类通过无线电这种技术，打破了前人无法理解的限制人类突破时空的藩篱。

无线电是人类历史上的第四次信息革命，也是近代文明的重要标志。

第五次信息革命：电视推进现代文明。无线电已经打破了时空限制，但是它还受限于载体，只能传输单一的媒体——声音或文字，而人类最希望的信息呈现形式是多媒体的。

电视的出现代表了现代文明的最高成就之一，信息传输不再是单一的声音、文字，而是把声音、文字、图片、影像合在一起，进行远距离实时传输，彩色电视还做到了色彩的还原。

电视第一次让信息带有丰富的感情，通过声音、文字、影像、色彩极大地还原了信息，形成了强大的视觉、声学冲击力，把人类从信息单一的时代带向丰富而全面的时代。

电视作为人类历史上的第五次信息革命，把信息传输带向情感时代。所以电视主持人做节目时，最喜欢打感情牌。电视的大规模普及，甚至引发了越战时美国国内大规模的反战情绪。

第六次信息革命：互联网引爆当代文明。互联网的出现，解决了人类进行信息传输时的很多问题：打破时空限制，突破媒体形式限制，实现真正的多向交互。

人类大部分时候的信息传输，只能是点对点的或一点对多点的，还不能实现真正的“自由”，即多点之间自由地进行信息传输。互联网的出现，不但做到了多点之间无障碍的信息传输，而且还做到了远距离、实时、多媒体传输。

可以说，互联网的出现把人类进行信息传输的所有愿景都完全实现了，基本解决了人类信息传输需要解决的所有问题，人类进入一个信息爆炸的时代。这是人类历史上的第六次信息革命。

经历了六次信息革命，人类用百万年的时间把信息传输的所有问题都基本解决了。

今天人类站在一个全新的时点上，这就是第七次信息革命。

第七次信息革命是智能互联网

人类解决了信息传输的所有问题之后，在下一次信息革命，即量子通信还没有到来之前，传输不再是眼前需要解决的问题。当前，人类又有了新的需要解决的问题，这就是感应与人工智能。

互联网已经经历了传统互联网、移动互联网，正在向智能互联网发展。

传统互联网采用固定的网络，终端为 PC 机，它是一个强大的信息传输平台，自由、开放、共享是它的基本精神内核，通过传统互联网可以进行远距离、实时的信息交流，在很大程度上打破了时空限制。互联网的出现，对人类社会造成了巨大的冲击，地球变得更小，世界变得扁平，信息传输更为通畅。

传统互联网的出现，对整个世界的政治、经济、文化、思想都产生了很大的影响，也改变了社交和人际关系。

然而，传统互联网的问题也非常明显：它的能力较差，依靠PC机，使用场景受限；要会使用电脑，这对相当多的普通人群来说学习门槛较高；基本不考虑安全问题，大量的信息泄露得不到解决。

传统互联网从协议到架构都是以美国为主导的、由美国来定义的，美国引领了世界互联网的发展。在美国的推动下，出现了基于传统互联网的新经济。

移动互联网是在传统互联网的基础上诞生的，移动互联网依靠的网络体系是3G、4G的移动通信网络，这个网络在全球很多国家都实现了全面覆盖，深入到千家万户和偏远地区。网络速度最高达到50Mbps的水平，可以满足一般的视频传输的要求。智能手机成为移动互联网时代的主要终端，它携带方便，适应所有场景，操控简单，没有学习门槛，从几岁的小朋友到几十岁的老人都可以使用，使用人数出现了巨大的增长。

在移动互联网时代，互联网从传统互联网这样一个强大的信息传输平台，逐渐过渡为一个强大的生活服务平台。

在移动互联网时代，中国扮演了重要的角色，建设了全世界最强大的3G、4G网络，覆盖了98%以上的行政村；智能手机的价格低至千元，通信资费在政府连续提速降费的推动下大幅下降，绝大多数用户每月的移动通信支出不到 50 元人民币；不仅在城市，而且在广大农村，建设了高品质的通信网络，到 2019 年中国的 4G 基站数达到了 544 万个，占全世界 4G 基站的 60％。广泛覆盖的网络和便宜的价格，让中国移动通信用户迅速增长。

随着移动通信产业的发展，中国的智能手机也有了巨大进步。全世界 10 大手机企业，中国厂商占了 7 个。激烈的市场竞争导致智能手机的价格不断下降，品质却迅速提高，中国用户用上了全世界高配置、低价格的手机。智能手机不但是普通年轻人的生活标配，甚至成为孩子和老人生活中不可或缺的通信工具。

强大的网络覆盖和功能强大、价格便宜的智能手机，帮助中国在移动互联网时代成为世界领先者，移动支付、移动电子商务、共享汽车、共享单车、外卖、导航等各种业务成为中国用户每天生活的一部分，生活因为移动互联网变得更加方便、快捷、高效。

传统互联网的基本精神是自由、开放、共享，因为它要实现的核心能力是信息传输；移动互联网的基本精神是管理、高效、方便，因为它的核心能力已经是生活服务了。

人类正在进入一个新的时代，那就是智能互联网时代。

智能互联网是由移动互联、智能感应、大数据、智能学习共同组成的一个智能服务体系。它是网络、感应、数据、人工智能的综合体，是一个更强大的综合服务平台。

作为人类历史上的第七次信息革命，智能互联网主要解决的已经不是前六次信息革命的信息传输问题，而是从一个传输的时代转向感应的时代。

智能互联网正从信息传输、生活服务转向社会能力的提升。在智能互联网时代，人类的社会管理能力、社会服务能力和社会效率都会有较大的提升。

5G是智能互联网的基础

实现智能互联网需要网络、感应、数据、人工智能的融合，但是这一切的基础是移动互联。虽然2G、3G、4G移动通信网络，甚至Wi-Fi技术都可以支持移动互联，但是它们的能力远远不够，只有5G才能满足当今高速移动互联的需要。

一个强大的移动互联不仅需要越来越快的速度，支持大流量，同时还提出了更多要求，例如高可靠的网络、广泛接入的网络、低功耗的网络、高安全性的网络，这些都不是传统的网络可以支持的。传统互联网只需要解决简单的通信接入，提供更高的速率，满足信息传输的功能就可以了。最早的传统互联网尽管速度不快，信息不能送达，甚至大量丢包，图片、声音品质很差，仍能被消费者接受。

智能互联网从信息传输渐渐发展到了生活服务，最后成为社会管理、工业制造、生产效率提升的一个组成部分，要求就远远超过了简单的信息传输，可靠性成为智能互联网的重要要求。这就对网络能力提出了更高的要求，除了速度之外，时延、功耗、接入能力都被关注。为什么需要 5G？因为它承载了信息传输向智能感应发展过程中网络能力的变革，为智能感应时代保驾护航。

5G 发展之初，社会上对 5G 的理解只是"4G＋"，也就是只看到速度的提升。如果这样看 5G，就完全没有理解 5G 的实质。5G 必须突破信息传输速度这样一个常见的理解，通过更多的技术，让其拥有更加强大的能力，体现 5G 真正的价值。

智能互联网只有做到高可靠、高安全性、大容量接入、低功耗的网络，才能最终实现很多以往无法实现的能力，并在这个基础上形成社会服务。

5G 的三大场景

为什么需要 5G？用它来干什么？定义 5G 的场景是产业和技术专家必须要做的事。国际标准化组织第三代合作伙伴计划（3GPP）定义了 5G 的三大场景：eMBB，适用于 3D/超高清视频等大流量移动宽带业务；mMTC，适用于大规模物联网业务；uRLLC，适用于无人驾驶、工业自动化等需要低时延、高可靠连接的业务。

eMBB：增强移动宽带。它是指在现有移动宽带业务场景的基础上，用户体验等性能大幅提升，此处是指速度的提升。今天的4G网络，一般用户的实际体验速度是上传6Mbps，下载50Mbps，这个速度远不能满足用户的需求，体验也不够好，尤其是一些对流量要求较高的业务，如视频直播。4G视频直播上传只有6Mbps左右的速度，无法提供高清视频，在一些人员集中的场所，即便是这个速度也无法保证。增强移动宽带的价值，是把原来的移动宽带速度大大提升，达到理论上的1Gbps左右，用户的体验感受会发生巨变。

对于需要大带宽的业务，增强移动宽带的重要性不言而喻，例如直播、高清视频、高清视频转播、VR业务体验，都需要增强移动宽带。对于美国、德国这些国家，因为其光缆的部署较差，依然存在一定程度的上网限制问题，通过增强移动宽带可在一定程度上弥补光缆的不足，提升用户宽带上网的体验。在网络部署方面，eMBB既可以独立组网，也可以非独立组网，即主体网络是4G网络，但是在重点地区通过增强移动宽带进行部署。

mMTC：海量机器类通信。5G最主要的价值之一，不再只是人与人之间进行通信，人与机器、机器与机器的通信将成为可能。大量的物联网应用需要进行通信，物联网应用的通信有两个基本要求：一个是低功耗，另一个是海量接入。

大量的物联网应用，例如电线杆、车位、井盖、家庭门锁、空气净化器、暖气设备、冰箱、洗衣机等都要接入网络中，相当多的物联网设备无法使用固定电源供电，只能使用电池，如果通信部分需要较大的功耗，就意味着部署起来非常困难，这样就大大限制了物联网的发展。mMTC 提供的能力就是要让功耗降至极低的水平，让大量的物量网设备可以在一个月甚至更长的时间里不需要充电，从而方便部署。

大量物联网应用的加入也带来另一个问题，即应用终端的数量会极大地增加。据预测，到 2025 年，中国的移动终端会达到 100 亿，其中有 80 亿以上是物联网终端，这就需要网络可以支持大量的设备接入。目前的 4G 网络显然没有能力支持这样庞大的接入数，mMTC 将提供低功耗、海量接入的能力，支持大量的物联网设备的接入。

uRLLC：超高可靠低时延通信。传统的通信对可靠性的要求是相对较低的，但是无人驾驶、工业机器人、柔性智能生产线却对通信提出了更高的要求，即必须是高可靠和低时延的。

所谓高可靠，就是网络必须保持稳定性，保证在运行的过程中不会被拥塞，不会被干扰，不会经常受到各种外力的影响。在时延方面，以前的 4G 网络最好只能做到 20 毫秒，但是

uRLLC 却要求做到 1～10 毫秒，这样的时延才能提供高稳定、高安全性的通信能力，从而让无人驾驶、工业机器人在接到命令时第一时间做出反应，迅速、及时地执行命令。这就需要边缘计算、切片技术等多种技术的支持，保证更多高可靠的通信场景。

5G 的六大基本特点

为了实现 5G 的三大场景，大量的新技术被运用到 5G 中。和传统的移动通信相比，5G 具有高速度、泛在网、低功耗、低时延、万物互联、重构安全六大基本特点。这些特点极大地影响了 5G 的技术要求，也影响了未来的 5G 商业模式与业务形态。正是因为有了这些特点，5G 才更有价值。

高速度。每一代移动通信首先要解决的问题，就是速度。4G 的速度已经达到下载 50Mbps，上传 6Mbps，这是现网的实际速度，理论速度还会更高。5G 的理论速度可以达到 1Gbps，采用毫米波技术，一些实验室的数据可以达到 2.3Gbps；现网的实际速度，在大部分情况下，下载可以达到 500～800Mbps，上传可以达到 50～60Mbps。

5G 网络的实际体验速度大约是 4G 的 10 倍，速度的提升让 4G 时代无法实现的业务与体验在 5G 时代得以实现，也会带来商业模式和业务模式的变化。举一个简单的例子，4G 时代就已经有视频通信能力，但由于网络速度的限制，为了保证大家的体验，服务提供商对服务器和网络都做了限制，无法提供较高的声音采样和视频品质，且经常卡顿，用户体验很差，大大限制了视频社交的发展。

在 5G 速度提升的同时，其价格也大幅下降，视频社交的服务提供商可以提升服务器端和应用端的速率，为用户提供高清的视频体验。在 5G 时代，社交将从传统的文字与语音阶段逐渐向视频阶段过渡，并形成大量的产品与服务。

5G 的高速度一定会引爆大量的应用，这些应用突破了带宽的限制，能让用户获得更好的体验，同时还会提高社会效率、增强沟通能力，对社会安全与稳定起到很好的作用。

泛在网。广泛覆盖有时比速度还重要，没有网络意味着速度为 0。今天的移动通信网络主要存在于地球表面，而 5G 还要广泛地存在于地下室、地下停车场、地铁、矿山中，深入地下。广泛存在于社会生活的每一个角落将是 5G 网络部署的一个重要特点。

4G 的广泛覆盖让移动网络变得更有价值，对新业务与新商业模式也有巨大的推动作用。2019 年 9 月底，中国移动通信基站总数达 808 万个，其中 4G 基站总数为 519 万个。这样广泛的覆盖，造就了中国 4G 移动互联网业务的喷发，移动支付、移动电子商务、共享单车、共享汽车、外卖、导航、社交迅速发展，极大地缩小了数字鸿沟，促进了偏远地区的经济发展。广泛的覆盖使中国在移动互联网时代领先全世界。

美国定义了传统互联网，几乎所有的传统互联网业务都是由美国领导开发的。到了移动互联网时代，全美4G基站不超过40万个，覆盖很差，这就大大限制了美国移动互联网的发展。一些美国曾经最先开发的业务，如电子支付，发展速度非常慢，大量的新兴业务远远落后于中国。

5G时代必须打破“为节省成本，只覆盖热点”的错误思维，做到全面和深度的覆盖。这个深度就包括地下和一些以前覆盖很差的地方，如地铁、地下停车场和矿山的坑道里。

地铁是城市通勤族喜欢选择乘坐的交通工具。世界各地的地铁很长时间没有移动网络，大家在地铁里只能看书、看报，尤其是欧美。中国从3G开始就在地铁里做到了网络覆盖，在4G时代进行了全面覆盖，大量中国地铁乘客可以在地铁里看视频、玩游戏，这导致一些中国媒体误认为欧美乘客更爱学习。当欧美地铁里逐渐部署4G网络时，我们才发现其实全世界的人都愿意在地铁里玩手机。曾经有专门为地铁乘客发行的报纸，今天这种报纸的大多数在全世界都已经消亡了。

地铁里高速度5G网络的部署，将使视频，甚至交流、学习和娱乐模式都发生变化，带来全新的商业模式。地下停车场的5G网络会在未来支持无人驾驶汽车找到自己的停车位、充电桩。更为重要的是，矿山坑道里的5G网络会让人工采矿一去不复返，大量深入地下的采掘、运输工作将由机器来完成。

低功耗。功耗是通信网络和移动终端需要解决的大问题。移动终端的最大问题是很难支持拉线，过高的功耗需要经常更换电池，这让很多业务无法正常实现。我们需要低功耗的传输手段。除了eMBB支持更为强大的传输之外，还有两个技术也被看作5G的组成部分，分别是NB-IoT和eMTC，这两个技术是基于现有的蜂窝网提供物联网的应用。NB-IoT需要180KHz的带宽，最长可10年不需要更换电池，而eMTC需要1.4MHz的带宽，支持语音能力，电池可数月不需要更换。这两个技术可以在不同的业务场景下使用。

有了低功耗，大量的物联网应用的通信手段就解决了，会广泛地被采用。我们大家熟知的井盖，经常会被偷或被损坏，造成有人掉落受伤甚至死亡。对于这些井盖，人们很难做到每天去巡检，这就需要通过感应器来了解井盖的位置、损坏情况，发现相关问题后，及时把信息传递给有关部门。安装感应器要有良好的通信手段，且这个通信手段必须是低功耗的。

物联网的发展必须以低功耗的通信网络为基础，没有低功耗的通信网络，大量的感应器不可能把数据及时发送出来，就没有办法形成有价值的数据，也不可能建构起有价值的服务。

5G 的高速度必然会以较高的功耗为基础，所以在高速度之外，标准化组织也提出了低功耗的标准，根据这个标准构建的网络会让 5G 的服务与应用更加全面。在这个标准体系下，大量的物联网应用将不需要通过拉线就能方便地部署，同时又能实现信息的及时传输，保证信息畅通，在这个基础上通过大量收集数据，进行人工智能分析，最后形成强大的服务。

低时延。时延是网络间传输信息所需的时间。两个人打电话，声音从一个地方传到另一个地方是需要时间的。人类对于时延的感觉一般是 140 毫秒，也就是说在 140 毫秒内你接收到对方的信息，不会感觉到有时延。例如一个人在 100 公里之外和你通话，其实这个信息用电波传送过来是有时延的，距离越远时延越大，时延低于 140 毫秒，我们就会觉得近在咫尺，没有任何时延。

但是对于高精度的管理与控制，那就完全不同了。高可靠的核心就是低时延。一辆无人驾驶汽车在路上行驶，前方出现意外情况，需要进行远程干预，传感器将探寻到的信息发送到控制中心，控制中心再反应，发送刹车的命令给正在高速行驶的车辆，如果时延达到几十毫秒甚至几百毫秒，就没法实现安全可靠。

3G 网络的时延一般是 100 毫秒左右，4G 网络的时延是 20～80毫秒，这个时延也无法满足工业控制、远程手术、远程操作的需要。一台矿山远程挖掘机，人在控制室里进行操作，挖掘机在几公里下面的坑道里作业，如果是上百毫秒的时延，动作就没有办法同步反应，看到一个缝隙，要把机械手插进去，若时延过长，可能这个时机就错过了。

国际电信联盟对 5G 时延的愿景是 1 毫秒，这个时延是人类远远感觉不到的，相当多的机器反应也做不到。目前在 5G 现网中，我看到的时延还做不到 1 毫秒，最好的效果是在 5～10 毫秒。未来随着技术的改善，这个愿景有可能实现。

要实现低时延，需要对网络进行改造，这对通信网络提出了更高的要求。我们需要把边缘计算的能力、网络智能化的能力更多地融入到通信网络中去。我们以往的网络都是以服务器为中心，大量的计算、存储都是通过服务器来完成的，基站只是一个信息接收器，基站接收到信息之后，再把信息传输到服务器上进行存储和处理。在 5G 网络中，数据中心可能会离用户更近，通过分布式的部署，在用户不远处就形成数据处理中心，甚至一些数据的存储和处理被放到 5G 基站上，采用 IT BBU 的模式进行数据存储和处理，这会大大节省网络传输的时间，提高效率。

低时延会让网络的可靠性大大提升，曾经我们想象中的应用可以通过低时延来满足。一个远程手术，相隔千里要让远程手术刀和医生的眼、手配合，高时延显然不可能，看到心跳的一瞬间，手术刀划开一根血管，这个时延过长，就可能划错了位置。这就需要低时延来保证，让医生看到的情况和手上的反应是一致的。这样高的要求，4G 或是以往的网络显然做不到，只有 5G 才能支持。

矿山作业是一个高风险同时对身体损害严重的工种，未来必须要把人从这些高风险的岗位上置换出来，通过远程操作自动采掘、自动装载、自动运输。5G 以低时延、高可靠的网络，保证操作手的操作和井下的机器作业是同步的，操作手怎么操作，机器就第一时间配合，实现低时延的无缝衔接。

在很大程度上，低时延是在挑战人类信息技术的极限，因为光通信永远会有时延，要想把时延降低，就要把远距离的信息传输和多节点转换拉近、简单化，把网络建设成一个扁平的网络。

万物互联。长期以来，人数是限制通信设备数量的天花板，中国的电脑数量不过 5 亿台，固定电话不过 1.5 亿部，手机也就 14 亿部。这样一个体系只能满足人与人之间进行信息交流的需要。

智能互联网时代，人与人的交流依然重要，大量的应用会转向人与机器，甚至是机器与机器之间进行信息交流。以摄像头为例，今天的中国已经部署了 5 亿个摄像头，通过这样庞大的天网工程，中国社会治安水平空前提高，人们的安全感大大增强。

未来 10 年，中国的摄像头数量会达到 30 亿左右，这些摄像头不光安装在马路上，还会出现在更多的设备中。例如机场的显示屏上会有摄像头，当它捕捉到一个旅客在查找自己的航班信息时，通过人脸识别，马上把旅客需要查找的航班信息调出来，显示在大屏幕上，不需要旅客再费劲查找。

每一辆汽车上会安装 20 个以上的摄像头，这些摄像头对周边环境进行监控和感应，对车辆前后左右的情形以及车内人员、状态进行观察，针对不同的情况做出反应。未来车内的摄像头会对车内有无人员、有几个人、是男是女进行监控，根据人员的情况设置车内的温度、湿度，调节到最适宜的环境。

这些感应设备很多都需要联网，需要将信息上传到云端，在云端综合各种信息进行分析处理，然后向用户提供有价值的服务。

除了摄像头外，大量的感应器会成为我们生活的一个组成部分。温度、湿度、噪声、气味、甲醛、PM2.5、PM10、TVOC、臭氧、一氧化碳、二氧化碳、位移等多种感应器，会让人类对自然的了解从我们的五官延伸到更远。很多通过我们的五官无法感应到的信息，可以通过传感器进行感应、监测、传输、分析，最后成为服务体系的一部分。

在 5G 建设完善之后，到 2025 年，中国的移动通信终端接入有望达到100亿。随着这个网络逐渐完善，接入到移动通信网络中的终端会越来越多，汽车、车位、路灯、电线杆、输电塔、井盖、河道巡航的无人船、各种摄像头等，将构成智慧城市的基本感应能力和服务能力。在我们家里，电子门锁、摄像监控、环境感知、空气净化器、新风机、空调、抽油烟机、电动门窗、冰箱、洗衣机、烤箱等，都需要接入网络中，成为智能管理的一个组成部分，帮助家庭建立起安全、节能、方便、舒适的生活环境。我们每一个人身上的智能手环、智能手表、智能腰带、智能鞋子、智能衣服等，也可以对我们的身体健康状况进行监测与分析，帮助我们做到生理协调、心理平衡、饮食均衡、运动适度、睡眠充足，养成良好的健康生活方式。这些终端都需要联网，形成一个庞大的智能感应系统。

万物互联意味着人类的信息通信从人与人之间，扩展到人与机器和机器与机器之间，大量的机器与机器之间进行通信，把感应到的信息及时、准确、稳定地传输到云端，通过系统进行存储、整理、分析，成为有价值的数据，在这些数据基础上提供各种服务。

今天这个系统的能力日益强大。2020年初的武汉暴发新型冠状病毒肺炎疫情，强大的管理系统就显现了威力，武汉市发现私家车出动两次，就会有相关机构联系车主了解情况，这个系统需要大量的管理与监控共同起作用。

突破人数的限制，机器加入到通信队伍中来，通信将迎来再次爆发的机会，各种设备、产品随时随地都可以通过通信能力，从“死”产品变为“活”设备。

重构安全。安全是智能互联网的核心问题。在传统互联网中，安全问题曾经并不被关注。传统互联网最初是一个自由、开放、共享的信息传输平台，“在互联网上，没有人知道你是一条狗”这一调侃曾经被广泛传播，这似乎是互联网的核心价值所在。匿名、不被管理，曾经是传统互联网的基本原则。谁要提互联网实名制，谁就是众矢之的，会受到广泛的网络攻击。

在互联网发展之初，互联网没有提供太多的服务，核心功能就是信息传输。随着传统互联网逐渐过渡到移动互联网，互联网的传输网络逐渐从固定网络转向移动通信网络，终端也逐渐从PC机转向智能手机。网络和终端的变化，导致互联网的业务模式从传统互联网逐渐转向移动互联网。

传统互联网的核心业务是信息传输、轻社交、游戏，随着网络和终端的变化，互联网的业务模式也发生了重要改变，大量生活服务随着移动互联网的出现相继被开发出来，移动支付、移动电子商务、共享汽车、共享单车、外卖、导航等业务，无论是使用频度还是在生活中的重要性，都远远超过了信息传输、游戏，社交也从传统互联网时代的轻社交，渐渐过渡为移动互联网时代的重社交。在今天的中国，以微信为代表的社交平台用户量达到11.51亿，这意味着几乎每一个成年的中国人都拥有微信号，中国人每天使用手机达到5小时之多，社交工具具有强大的信息传播能力和社会动员能力。

安全问题成为移动互联网的重要问题，以前曾激烈反对网络实名制的人，在移动互联网时代也悄悄地接受了网络实名制。因为如果不是实名制，丢掉了手机，就可能也丢掉了电话卡，找不回自己的电话卡，就意味着自己的银行卡、微信、支付宝密码可能再也找不回来，这会给自己带来巨大的麻烦。

对实名制的认可，说明了人们对移动互联网的安全认可。虽然移动互联网时代人们的网络安全意识在提升，但是互联网的安全问题依然非常严重。传统互联网建立时，就是一个缺少安全机制的网络体系，所有传输的信息都是明文的，也没有经过加密处理，所有存储的信息也是明文的，也没有经过加密处理，在网络中运行的各种服务，很多没有经过管理机构的审查与认定，更无分级管理。随着移动互联网的发展，网络欺诈横行，每年造成千亿损失。

建立在5G之上的智能互联网面对的安全问题更为复杂，这个网络不再仅仅提供一些信息和生活服务，而是成为整个社会构建与支撑的基础。社会管理、公共服务、公共安全都需要智能互联网，庞大的交通、电力供应、通信支持，以及公共卫生、社会生活的支撑也都依托于这个网络。可以说，智能互联网支撑了所有的社会管理与服务系统。

这个系统必须是安全的！

智能互联网时代，我们很多关于互联网安全的概念需要更新。如果不建立起安全机制，智能互联网给社会带来的危害可能会超过它所带来的正面作用。各个国家需要建立起相对独立和封闭的网络，网络主权将成为一个重要的概念，数据的获得、存储、使用将被严格管理，每个服务体系的建立都将以安全为前提。

因为安全的要求，传统互联网的架构将会全面改变，分层分级、分布式存储、数据加密将会成为重要的信息存储方式。

总之，唯有安全，智能互联网才有价值。互联网的基本精神，将逐渐从自由、开放、共享深化为安全、管理、高效、方便。

5G 的核心技术

5G 技术是一个复杂的问题，它由一个庞大的体系构成，从底层的编码、架构、核心网到接入系统、网络结构等，有非常多的书对此进行了全面系统的讨论。

我们经常提到的 5G 技术有：超密集异构网络、自组织网络、内容分发网络、D2D 通信、M2M 通信、信息中心网络、移动云计算、软件定义无线网络、情境感知技术、边缘计算、网络切片等。这些复杂的技术构成了5G的技术系统，而且随着功能和能力的不断提升，技术也在不断完善，有更多的新技术加入到5G技术体系中。

5G核心技术的根本目的就是大幅提高频谱利用率，让有限的频谱资源产生更高的效率。只有效率更高，才能让5G的速度更快、能力更强，才能支持大容量的通信。

5G不再是简单的人与人之间的通信，网络会更加复杂，而5G采用的频段较2G、3G、4G要高，网络的覆盖、绕射能力差，用传统的宏基站进行大范围覆盖显然不能满足要求，需要更多基站的深度覆盖。相信仅中国一个国家，5G基站最终会超过1 000万个，包括进行大范围覆盖的宏基站，以及数量庞大的进行纵深覆盖的小基站，这就是超密集异构网络的价值。

5G支持的大量的复杂业务，要有大流量来承载，并针对不同的用户，对各种不同的业务进行管理、计费、分发，实现更高的效率。相较于传统的通信网络而言，5G更加复杂，需要对网络进行柔性管理，通过软件进行定义，一个网络体系可以被定义为不同的网络，为不同的业务、不同的用户提供不同的服务。人工智能将被引入，成为网络智能管理的一个组成部分。网络切片技术将被广泛采用，针对不同的用户、不同的业务建立不同的管理机制与计费模式，需要把一个5G网络切成不同的片。当然这不是物理的片，而是通过软件进行定义，把一个大的网络定义成一个个小的局域网，提供各种不同的服务。

和其他移动通信相比，5G 引入了低时延的能力。要做到低时延，就必须把计算、存储等信息处理能力从远端服务器拉到基站周围，这就需要边缘计算技术把计算从远处拉到基站附近，把网络建设得更加扁平，把在路途中需要耗费的时间节约下来，以实现低时延。和过去或现有的网络相比，5G 网络将建立集中的数据中心，成为集中数据中心和分布式数据存储、计算能力的结合，通过强大的管理能力实现各种数据和能力的协同。

总而言之，5G 网络更复杂，业务更多样，用户从人变为人与机器，对计费、管理也提出了新要求，需要更低的时延、更安全的运营，需要用更多的新技术来支撑这些要求。关于更多的技术细节，建议去读一本全面介绍 5G 技术的著作。

第二章　影响5G机会的各种力量

在5G发展中抓住5G机会，为地方经济、企业发展、个人创业助力，是众多关注5G的人共同的愿望。中华民族是世界上最富有创新精神的民族，中国人对新技术、新产品的热情，用新技术改变世界和改变生活的兴趣和积极性远超世界其他民族。几千年来，中国人的发展创造，是世界文明中最灿烂的。

2 000多年前，在全世界非常缺乏蛋白质，人类的营养和健康受到威胁之时，中国的先人把黄豆这种吃起来口感很差的食物通过浸泡、研磨、挤压，制作出了豆浆。最为神奇的是，他们找到了卤水或石膏来点豆浆，让豆浆形成凝脂，做成豆腐脑，再把豆腐脑经过挤压成豆腐，把豆腐再压制成豆腐干，把豆腐干再压制成千张。这些创新解决了农业社会人类缺少蛋白质的问题，改善了整个中华民族的饮食、营养结构。今天人类在探索人造肉时，存在两个方向：一个是胚胎干细胞培养，一个是植物蛋白提取。在植物蛋白提取方面，中华民族已经做了 2 000 多年，形成了成千上万种成熟的产品。

距今 5 000 多年前，人类需要衣物来御寒、遮羞，在其他民族还在穿兽皮时，中华民族的祖先竟然从蚕茧里抽出丝来，用这细丝织成了纺织品，创造了丝织技术，领先世界几千年。

中国古代的“四大发明”光耀世界，但进入近代的中国落伍了。即便在最落后的时候，中国也有仁人志士在努力寻找各种手段，谋求改变。一旦政治稳定，中国的创新力便惊人地爆发出来。今天中国的创新，不仅体现在通信领域，而且全面爆发，当经济能力有足够支撑的情况下，这种力量若火山一般，富有冲击力。

中国社会关心 5G，不仅是因为在技术上中国走在了世界的前列，更重要的是 4G 的发展为中国社会创造了大量的商业机会，它们在很大程度上改变了普通人的生活，改变了整个社会的生活模式，同时也增强了中国人的信心。

4G 改变生活，5G 改变社会！

4G 时代，人们建立起了移动互联网，建立起了全新的生活服务模式；5G 时代，人们将建立起一个更强大的经济运作、社会管理、物资生产体系。这个体系的建立过程，也是 5G 机会的形成过程。

5G 机会属于行动者

看完此书，就能找到一个 5G 机会，去创业、成就事业吗？那是不可能的。但是看完此书，成为一个行动者，开始用 5G 产品，使用 5G 业务，研究 5G 技术、产品与应用，也许真的可以找到一个新机会。

看一本书，听一次演讲，开展一次或几次头脑风暴，就能找到、抓住 5G 机会，就能在一个领域有所突破，显然这种可能性比较小。要有突破必须要有积累，这种积累是建立在行动上的。

移动通信技术的发展从来不缺少批评者。3G 时代就有人认为消费者不会使用手机来看视频，因为这样既不安全，效果也很差，这样的认知是建立在 3G 网络的速度基础上的。人们对智能手机的理解，刚开始也只是功能机加大了一点屏幕而已。事实证明，持这种思维不仅跟不上时代，也错失了发展的机会。一个地方如果这种思想占据主导地位，必然不可能投入较大的精力去研究，更不可能形成积累，在发展的过程中处于落后的境地是非常正常的。

4G 发展之初，网络速度变快了，带来了体验的根本改变，移动互联网开始走向一个转折点。在这个过程中，有相当多的声音认为4G没有多大用处，我们用3G就够了。甚至有人认为，老百姓用手机，主要的功能是打电话、发短信，智能手机不可能是发展方向，互联网还是需要将PC作为终端，互联网的业务也主要建立在电脑这个终端的基础上。

用传统互联网思维来看移动互联网，把传统互联网的模式照搬到移动互联网上，这就造成了对移动互联网业务的错误理解，很长一段时间，许多人还在讲免费的模式，并不追求建立强大的服务平台、建立真实的身份、关注位置信息、形成大数据的能力。我曾经采访过当时国内如日中天的互联网公司领导，听他谈在3G、4G基础上对移动互联网的看法，他的回答是看不清楚移动互联网，因为他们当时的互联网业务已经是中国最强大的。最后的结果是，几年之后，这个互联网平台的基本模式还是以传统互联网为基础，基本没有明确的用户群，没有非常有针对性的服务，而在这个过程中，众多理解了移动互联网的公司，已经重建了移动互联网的商业模式，大量的经过注册的用户群，把支付和网络紧密联系起来，让随时付费成为无障碍的简单服务。这样一个建设过程，不会是坐在办公室里就能想出来的，而是需要不断地、有针对性地开发产品，发现问题，进行试错，对自己进行批判，最后才能渐渐找到产品正确的方向。

面对3G之后的移动互联网，腾讯和百度就采取了两种不同的态度。在 3G 之初，整个社会对 3G 之后移动互联网会往什么方向发展都看不清时，腾讯选择了做自我革命性的产品——微信。对于一般人而言，微信并没有什么特殊的地方，只是一个聊天工具，腾讯本身就有非常有影响力的聊天工具产品 QQ。在很大程度上，微信是要和 QQ 竞争的，而且微信和 QQ 的区别在哪里，一般人也很难看清楚。

微信是干什么的？它的商业机会在什么地方？最初腾讯自己也未必能看清楚，但是腾讯知道微信和 QQ 是不同的产品，它们的不同不在于功能的不同，而是机制的不同。QQ 是一个建立在传统互联网基础上的轻社交工具，它用的机制是访问机制，“上线”这个词今天也许已经被人们忘记了，但是用 QQ 如果不上线，就无法收发信息。“下线”就意味着你可以永远拒绝接收别人向你发送的任何信息。在这个过程中，QQ 的主人有很大的主动权，他可以选择是否上线接收信息。因为无法做到永远在线，QQ 很难被用来办公，也很难进行即时信息处理，因为 QQ 的主人没有上线，就意味着根本不可能接收到信息。

微信表面上也是一个聊天工具，但是它的机制从传统互联网变为了移动互联网。移动互联网主要的终端已经是智能手机，它随时被用户携带，同时因为是移动网络，它可以做到永远在线。好友向微信主人发送的所有信息都可以通过推送的机制，即时显示在微信主人的手机上，微信的使用者再也不需要上线了，他随时就在线上。这样的一个机制的改变，意味着微信可以提供各种即时服务，可以用来办公，可以用来进行实时的交流。

这个机制的改变意味着通信从间断的变为不间断的、实时的，这后面形成的能力是巨大的。此后我们也都知道了，在微信的基础上，腾讯建立起了一个强大的平台，这个平台集社交、移动电子商务、移动支付、生活服务、游戏、信息传输等多种能力于一体。尤其需要提到的是，如果没有微信的实时通信能力，抢红包的功能就不可能被开发出来，也就不可能实现一夜之间微信支付功能的普及。

如果腾讯不是一个移动互联网的行动者，不经过长时间的观察与研究，它永远不可能做出微信这样的产品。正是因为行动，腾讯才能不断发现问题，不断完善功能，逐渐找到那条正确的道路，也才能逐渐找到新的商业模式、业务模式、收入模式，找到赚大钱的机会，使一款可能赔钱的试验品变为有巨大商业价值的产品。

在传统互联网时代非常强大的百度，对于移动互联网的到来却选择了观望。移动互联网是什么样子，能带来什么，在很长的时间里百度都没有做出及时的反应。这十几年来，百度除了 AI 之外，它基于网络的大部分产品都是在复制传统互联网的思路，从未打算把搜索变成一种有价值的服务。百度的主要收入来自广告，为了保证广告主的利益，搜索结果存在大量品质不高的内容。随着用户搜索从新闻信息逐渐转向生活服务，用户需要精准的、高品质的搜索结果，而百度基于传统互联网思维提供的搜索结果和用户所要求的差距越来越大，最后这种差距演变成社会矛盾。

一方面是本就很强大的互联网公司在移动互联网时代找到了自己的机会，另一方面是那些曾经很强大但行动力不够的企业在移动互联网时代渐渐衰落，面临巨大的问题与压力。

不仅是对大公司，行动力的重要性对普通人也是一样。一个批评者是不可能行动起来的，无行动就无感悟，怎么可能抓住 5G 机会?

我一直鼓励大家最早成为 5G 的使用者，因为在使用的过程中才会对 5G 有真正的感悟，了解它的能力，当在生活、工作中遇到难题时，会想到用 5G 的能力去解决问题，这就是找到机会的第一步。

这个世界上从来不会有一个旁观者、一个批评者能成为成功的创业者。互联网创业的绝大部分成功者，都是互联网最早的使用者、爱好者。雷军因为喜欢各种手机，了解用户使用手机的痛点，发现大量年轻的发烧友需要高配置的手机，而市面上手机的价格又很高，便萌生为发烧友做手机的想法，创办了小米。今天小米已经是一个强大的手机帝国了，但是小米一直带着高性价比的基因。

程维在阿里巴巴工作时经常出差，在商务区和比较偏僻的地方，要打车就非常麻烦。作为互联网公司的员工，程维知道，在 3G 到来的移动互联网时代，智能手机可以随时联网进行操作，智能手机的定位功能可以清晰地标示手机用户和出租车的所在位置，而阿里巴巴的支付宝有了很方便的在线支付模式，把这些结合起来，程维创办了滴滴打车，不过几年时间滴滴打车就发展成为市值几千亿的企业。

如果程维不是一个互联网公司员工，不是非常了解移动支付、App、智能应用、智能手机、移动定位，也不了解这些功能和生活中现实难题结合起来的可能性，他怎么可能去创办滴滴打车？

一个技术出来后，只要对它做些细微的改变，很多表面上看起来并没有多大革命性的东西，却可以把整个模式都颠覆了。在传统互联网时代之所以不能开发出一项打车互联网业务，还是因为使用 PC 不能即时操作，想要用车时不可能在马路边实时预约，使用 PC 对移动的出租车进行定位也做不到。而手机却可以，即使 3G 最初的网络速度不快，也不稳定，但它还是提供了这种机会和可能。

只有使用者才能感悟到各种产品和技术细微的差别。最初的微信使用者在使用微信时，可以拉各种群，于是就有人想到，既然各种群可以进行一人对多人的信息传输，那么能不能将其作为精准的电子商务平台？也就是说，在这个基础上，把社交和电子商务结合起来，通过社交来带动电子商务。团购、砍单，我们看到了拼多多这种把社交和电子商务紧密整合的平台。

仅仅一个速度快，就可以让 5G 有非常多的不同于 4G 的能力，在这个基础上做很多 4G 做不到的事，产生很多 4G 无法实现的业务。5G 能干什么，批评者远远地旁观着，自然不会看到它的机会。那些使用者、观察者、研究者，正是在使用中、在观察中、在研究中体会到细微的区别，找到事业的突破口。

5G 到来后，社会上有不少批评者，这些批评者先立了一个 5G 无用论的大旗，然后去寻找各种 5G 技术需要完善的地方并展开攻击。而他们对 5G 技术的大量看法建立在已经落后的知识上，一些媒体人在其中扮演了重要角色。其实每一次新技术的出现，都会有这种质疑者。成功和机会从来不会属于质疑者，一切技术最初出现时都会有问题，有不完善的地方。在很大程度上，了解这些不完善的地方是什么，找到更好的技术和办法来解决问题，让不完善的地方变得更加完善，这也是机会。这个机会还是要通过使用、分析、研究才能找到。

5G 机会属于走在前面的人

如果要让 5G 成为一个对经济发展有一定影响，甚至是个人创业的机会，在时间上领先别人，走在前面也是至关重要的。

5G 是一个庞大的产业链，有技术标准、芯片、核心网、基站、管理计费系统、终端产品、业务与应用等，不同的领域发展的时间不一样，今天如果才去做 5G 标准，显然已经太晚了，想加入系统设备领域去竞争，也有点赶不上节奏了。

但是就终端产品、业务应用而言，2020 年还是非常合适的切入期，因为全世界的 5G 部署才刚刚开始。5G 不同于 4G，4G 是 3G 在发展过程中，通过 5 年以上的时间，把智能手机发展得已经非常完善，不需要一个智能手机成熟的时间，而大量的业务在 3G 时代就已经进行了最初的功能试验，在市场上做好了充分的准备，结果 4G 一到来，移动支付、外卖、共享汽车、移动电子商务等业务就迎来爆发性增长。

5G 面对的情况更为复杂，除了大规模建设网络逐渐形成 5G 的网络覆盖需要一个过程之外，5G 大量的终端与业务要被研发出来也需要时间，商业模式与业务模式需要探索、验证、完善。从智能手机到大量的可穿戴设备、智能家居、机器人、智能汽车等都需要加入到 5G 终端的队伍中来，这些领域还远没有成熟与完善。在很大程度上，今天在终端与业务领域的探索还处于早期阶段，蕴含了巨大的商业机会。

对于不同的业务、不同的产品，确实存在一个最佳的切入期。有一些业务过早地进入，很可能成为先烈。例如过早进入可穿戴领域的创业队伍现在可以说是所剩无几了。不过在一个新的技术领域找到最佳的切入时间，对于绝大多数人和企业来说，都是一件极难把握的事情，更早地加入是最好的选择，包括存在的一些问题、一些弯路也得通过更早加入才能更早发现。

最早的互联网创业成功者，大多数都走在前面。张朝阳、李彦宏都曾在美国留学，最早感受到互联网的冲击，而马云也是因为到美国学习，才看到了互联网风起云涌的机会。虽然走在前面并不一定意味着成功，在最早期的互联网创业者中，也有许多失败者，但是后来者机会就更少，取得成功的可能性也更小。

在每一个技术革命的转折点上，最早感受到变化冲击并且做好了准备的人，取得成功的可能性会更大。

走在前面的开创者，也是最早的试错者。可以看一看所有成功的公司，它们的产品和业务，包括商业模式、业务模式和最初的设想其实有很大的距离。最早进入市场，做出来的产品和业务经过市场的检验，成功了是经验的积累，失败了也是重要的教训，这个过程既可以形成对技术、业务、产品开发流程的积累，也会形成对市场、品牌知名度的积累，这些都有利于企业在早期占据有利地位。

很多时候，曾经的失败、走过的弯路、出现的问题都是有价值的，这些问题都需要“交学费”才能发现。只有走在前面，花更多的时间，才能经历这些问题，看清未来的机会。很多时候，创业失败不是金钱可以买来的经验教训。

对于投资人而言，如果你有技术、产品、品牌的积累，当然会更受关注，获得更多的投资机会。

领先一步，是绝大多数成功的基础，同样也是5G机会。

笔者在2014年左右就已经看到，未来5G的发展一定会形成多个庞大的产业和机会，于是从2014年开始做智能家居产品的研发，其实当时5G还远没有真正部署，应该说产品研发在一定程度上是超前了。在这个过程中，产品的研发并不能完全落地，最初的想法和最后相对成型的产品有很大的差距，而这些产品也不是由5G来支持的，最初用的是蓝牙和Wi-Fi，经历了很长一段非常艰难的历程。

但是有些超前的行动，似乎并不是毫无价值，这样一个艰难的探索过程，其实是一个技术、产品开发经验与市场的积累过程。在这个过程中，我们对智能家居渐渐有了自己的理解和看法，渐渐磨合出了自己的小团队，虽然人数不多，但是非常有战斗力，每一款产品从最初的设想到最后的成品，很多都超出了我们的想象。对智能化的理解，我们从最初的远程遥控渐渐发展为真正意义上的智能分析、智能控制、智慧服务，要做到安全、方便、舒适、节能。从这几个方面入手，我们对各种感应器、云、智能管理进行分析，对产品切入点的理解更加深刻。通过几年的积累，我们在智能环境监测和环境治理中形成了自己的积累，产品变得更加实用和强大。

5G 开始部署后，传统的家电企业、电信运营商、互联网公司、手机巨头都看到了未来智能家居的机会，也都在寻找合作伙伴。它们要做的不是一款传统的家电产品，而是要通过通信和智能化能力，让家电升级为智能家电，把大量的产品通过平台整合起来，成为一个强大的整体。而我们三年以来对智能产品的理解和积累就变得非常有价值，我们因此被多家世界一流企业选为合作伙伴。

2020 年，新型冠状病毒肺炎疫情暴发，能不能研发出具有抑制甚至杀灭病毒的空气净化器成为大家关注的一个热点。我们团队也成了重要的研发力量，相信研发出可以杀灭病毒的空气净化器，会成为未来智能家居的一个重要方向，当然也会成为一个重要的商业机会。如果没有对智能环境感知和智能环境治理产品的长期积累，就很难在机会到来时切入；而我们已经有了较长时间的智能家居的积累，对用智能化来解决环境问题做了很多的研究，当社会对产品有了更高的要求时，切入这个领域，就有了技术、产品的基础，也就有了更好的发展机会。

当然，可能会有人希望找到那个最佳的时间切入点，但要想找到这个时间点是非常不容易的。即使我们看到了 5G 到来后智能家居的爆发机会，但是从来没想到有一天会有重大疫情暴发，全社会都关注空气净化器的杀灭病毒的功能。只要做了很多的技术积累和能力积累，当社会发展对产品提出要求后，针对新的需求研发相关产品就不再是什么难事。

占有先机永远是制胜的法宝。莫临渊羡鱼，当退而结网。

把握 5G 机会必须了解自己的能力

把握住 5G 机会，更早地参与行动，是不是就肯定能够成功？我相信大部分人还是不会成功，还必须要了解自己的能力，找到适合自己的机会。如果不了解产业，也不了解自己，贸然进入，最终失败的可能性非常大。

5 年前，我就相信 5G 的到来会带来巨大的产业机会，相信下一个中国的首富会出现在这个领域。我也是一个行动者，早早地进入这个行业，开始做技术、做产品。

但选择什么方向是一个大问题，这就必须要了解自己的能力，选择最适合自己的事。

智能交通将是 5G 带来的最大的产业机会。这意味着随着

5G 发展，交通智能化将成为可能，所有的道路都会被重新定义，成为智能化的道路，并通过各种感应手段，将道路的每一平方米都进行精准的定义，在这个基础上生成数字地图，让地图从模拟时代升级到数字时代。未来的交通管理，将精准到每一辆车，指挥调度可以实现远程操控。

我们熟悉的由人驾驶汽车模式，将会逐渐退出历史舞台，依托数字地图、强大的中央管理系统、低时延的 5G 网络，每一辆车都智能地行驶在道路上，每一个人都是乘客，不需要驾驶者，车辆在道路上的速度，在什么地方应该转弯，在什么地方停靠，都通过智能交通系统来管理。更为重要的是，新的能源被广泛使用，汽油、柴油这些不可再生能源会彻底退出，取而代之的是可再生的清洁能源，这将是一个庞大的市场。

我相信未来的 20 年，仅在中国，智能交通市场会形成 200 万亿以上的市场机会。这是个巨大的市场，我当然也非常心动，但是分析自己的经济实力和资源整合能力后，我觉得我并不具备进入这个市场的能力。如果要进入这个市场，需要更多的资源积累。

今天我并不后悔错过了一个非常好的市场机会，因为如果我没有能力撬动这个市场，即使较早进入，也有实际行动，最后的结果也很可能是成为先烈。

同样看到智能交通这个机会且实力远比我强大的贾跃亭，

应该是相信这个领域会大有作为，但他还是高估了自己的实力，事实上对于做汽车的积累，他拥有的资源和能力还是不够。

贾跃亭另一个很大的问题是，他并没有清楚理解中美两国工业制造的能力。很长时间以来，他一直相信美国是世界上最强大的研发与制造中心，希望把乐视做成双总部，一个总部在中国，另一个总部在美国，把智能汽车的研发主要放在美国，认为这样就可以走向成功。但是今天全世界的研发和制造中心已经转移到了中国，尤其是制造能力，中国的效率、能力是美国完全不可比拟的。贾跃亭的竞争对手马斯克的特斯拉在美国很长时间内处于亏损状态，车没法交付，但到中国上海后只用一年的时间就完成了工厂的建设，开始交付产品。而贾跃亭研发的汽车在美国很长时间没法生产出来，没法成为真正的产品上市销售，不可避免地陷入了财务困境。

把握时机，不仅要了解自己的能力，而且要把握住产业大势，切入自己能把握住的领域，这是所有创业者需要重视的问题。在很大程度上这也是定力，不了解自己的能力所在，不能把各种资源充分地整合起来，即使看到机会，也不能很好地把握住。

把握机会，还要注意在市场上避开强大的竞争对手，度过自己的生存期。

在传统互联网转向移动互联网时，有非常多这样的例子。

传统互联网开始时，最早的创业公司基本上没有对手，因为传统领域的大公司基本上没有进入互联网领域，创业公司的竞争对手都是和自己一样的创业者。而到了移动互联网时代，传统互联网领域已经产生了一些强大的公司，它们对移动互联网虎视眈眈，初创者不得不和这些互联网企业在同一平台竞争。这种情况当然也会出现在 5G 业务领域。希望在 5G 发展中找到机会的不仅有创业者，还有那些强大的移动互联网平台。如何在这个过程中避开强敌，为自己找到生存机会，也是创业者不得不面对的大问题。

不要到成功者的核心领域去寻找机会，这是创业者必须重视的问题。成功者已经在自己的领域积累了强大的资源和能力，如果新加入者在商业模式、业务模式、技术上没有根本的突破和革命性的能力，想在已经成功的领域寻找突破，无异于鸡蛋碰石头。

在传统互联网领域，新浪的新闻非常强大，占据了市场的统治地位。挑战新浪如果没有革命性的突破，仅从新闻信息的角度切入，就很难成功。方兴东曾经借博客崛起之机，创办博客中国，希望挑战新浪，一度形成了很大的影响力。但是博客这种形式，在技术上没有太高的门槛，方兴东可以做，新浪也能做，况且新浪还拥有庞大的资源，不仅在资金上远远胜过博客中国，同时还拥有大量的作者资源。新浪很快展开反击，自己也建立起博客平台，把大量博主整合起来，尤其是整合了明星资源，马上让新浪博客风生水起。而博客中国却因为影响力不够强大，很难获得较好的收入，不久就陷入非常困难的境地，最终裁员缩编，渐渐失去了影响力。这是挑战强大竞争对手核心领域的典型例子，同样的情况我们也可以从米聊看到。

小米在成立之初，也做了一个应用——米聊，这是小米切入移动互联网的第一步。米聊是基于智能手机的聊天工具，应该说起步很早，行动也很迅速。对于雷军的领导力量、资源整合能力，我相信也没有人怀疑。但是米聊一出，腾讯就感觉到了挑战的意味，因为基于智能手机的米聊一旦发展壮大，很可能会蚕食腾讯的 QQ 市场。腾讯的做法是马上开发同样基于智能手机的微信，微信有没有市场前景，会不会形成商业价值，不是当时要考虑的问题。在微信的竞争下，米聊很快失去了影响力和用户群，今天基本上已经销声匿迹了。小米的强大，雷军的能力，我们都不怀疑，但是直接挑战已经成功的对手的核心领域，很难获得成功。

避开强大的对手，寻找技术的突破口，这是抓住 5G 机会必须要正视的问题，也是中小创业者生存并发展起来的基础。

程维创业没有做他最熟悉的电子商务，而是看到移动互联网发展起来后，智能手机拥有强大的定位功能、及时获取信息的能力，可以创造一种打车服务的模式。打车服务和所有传统的互联网公司没有冲突，对于非常强大的 BAT 而言，滴滴打车是一种新的服务形式，它和这些公司的搜索、社交、电子商务都没有冲突，强大的互联网公司不会把滴滴作为竞争对手，也不会有针对性地对其进行围剿。经过几年的发展，滴滴度过了最初的生存期，逐渐奠定了打车服务的形式。这时，上述成功的大企业也逐渐看清了，这是未来出行服务的雏形，非常有价值，但想扼杀它已经不太可能了。于是，几家强大的互联网公司都给滴滴投资，成为其战略合作伙伴。

如果滴滴的核心业务也是 BAT 的核心业务，那么滴滴就基本没有机会了，但是它独辟蹊径，赢得了生存和发展机会。

另一个避开大企业核心业务的例子是张一鸣的今日头条。今日头条做的也是新闻信息业务，是和新浪直接竞争的，但是新浪为什么没有将其扼杀在摇篮中呢？

表面上，今日头条似乎也是做新闻信息内容，但它走的却是另一条路。从今日头条成立的第一天起，它就没打算做一个新闻信息平台，它没有记者、编辑，走的不是采访、编辑、发布的路，而是一开始就把自己作为一个服务平台，根据用户的情况进行分析，帮助用户聚合资源。今日头条不是一个生产内容的新闻平台，而是一个聚合内容的服务平台，技术、服务能力是今日头条的核心竞争力。对于新闻信息平台新浪来说，今日头条走的是完全不同的路，基本上不是自己的竞争对手。但是，随着今日头条的不断发展，它聚合的用户越来越多，用户在今日头条得到的信息更加个性化、有针对性，用户在获取新闻信息方面对今日头条的依赖越来越强，最后的结果是今日头条渐渐成为更强大的新闻信息平台。平台于普通用户而言，平台用什么手段获取新闻信息并不重要，重要的是能方便地让用户获取想看的内容，而且服务又更好。

面对 5G 市场机会，也存在同样的情况。对于 5G 市场，早就有很多企业虎视眈眈，除了中小企业，那些早已在移动互联网领域非常成功的大企业也希望在 5G 时代巩固自己的地位，它们拥有强大的资金实力、人才队伍、技术积累，如果和这些大企业直接竞争，创业者很难有机会。要想把握住机会，必须寻找到大企业暂时没有看到，或者目前觉得不具有战略意义的机会。和大企业相比，创业者和小企业最大的优势是船小好调头，决策快速敏捷。在大企业没有看清的情况下，尽早进入，形成能力，这才是小企业和创业者的机会。

第三章　把握 5G 机会的思路

把握 5G 机会最简单、最直接的思路就是哪些业务 4G 做不了，必须要用 5G。最早的 5G 业务开发者用的就是这种思维模式，电信运营商向社会介绍 5G 时，也大多使用这种思维模式。

我们听到最早关于 5G 的介绍就是 VR、AR 业务，因为向用户提供稳定的高清视频、保证较好的 VR 效果，需要传输速度达到 250Mbps 以上才行，这个能力 4G 网络不具备，只有 5G 才能支持，所以 VR 被看作 5G 的大机会。问题的关键是，这样的机会你能看到，别人也能看到，大家都能看到的机会就谈不上是机会。

5G 机会建立在 5G 可以做更多 4G 做不到的业务的基础上，同时 5G 也会带来商业模式、业务模式等更多的变化。业务层面上，5G 可以做更多的工作，对文化娱乐、生活健康、产业发展、社会管理产生巨大影响，也会带来许多产业机会，后面我们会用几个章节来进行分门别类的讨论。除了这些领域业务层面的变化，很多5G机会来自商业模式、计费方式的改变。

对于希望抓住5G机会的创业者、地方政府、投资机构而言，除了新业务外，还要关注传统业务。随着5G时代的到来，商业模式和业务模式的变化蕴含很多新机会，这些机会在5G业务没有全面爆发之前，大家未必看得清楚；5G业务发展起来后，大家渐渐看出商业模式的变化时，这些机会就已经丧失了，因为新的商业模式已经形成了。

因此，5G的重要机会，不是全面建立新业务，而是重建很多在4G时代甚至是3G时代已经有的业务。4G时代的网络管理能力、计费能力不够完善，这些已有业务的商业模式没有办法发展起来，也无法成为一个新的机会。5G的到来，带来了商业模式和业务模式的变化，这些变化就是建立在5G之上的商业机会。

在5G发展的早期，最早爆出的5G机会不仅是那些必须要用5G的新业务，还有一些是在4G时代就已经存在、在5G时代商业模式和业务模式发生改变的传统业务，它们会在5G发展中最先带来较大的市场机会。

5G 带来的商业模式变化机会

5G 带来的业务变化很容易直接看到，而商业模式的变化却是间接的，不认真研究则无法看到。所以对于绝大部分普通人来说，不太能看到业务后面的商业模式的变化，别人看不到的机会，才是你的机会。

4G 网络只能传输 1 080P 的视频，如果清晰度更高，网络就很难承受，尤其是在大量用户使用的情况下。有了 5G 网络，就可以支持 4K 甚至是 8K 的高清传输，这一点对任何一个人来说都是显而易见的，从这个角度去开发产品最容易。一般人都能看到视频效果的提升，但视频能力提升带来的视频业务商业模式的改变，一般人就很难看得清。如果你能看到这些，就更容易走在别人的前面，找到属于自己的机会。即便是同样的业务，也可以形成不同于别人的商业模式，实施差异化战略。

我们先来分析几个移动互联网时代商业模式的改变，作为 5G 时代新机会的参照。

传统的音乐销售模式主要有两种，一种是音乐人的演唱会，另一种是卖唱片。把音乐人的音乐录制在唱片这种载体上，向大众销售，这个市场在很长时间里是一个非常小众的市场。唱片时代，有留声机的家庭很少，唱片的价格也高，一般人买不起，所以唱片销售到百万张，那就是一个了不起的数字，因此靠出唱片获得较大经济利益的音乐家也很少。

在光盘这种新的介质出现后，音乐可以存储在光盘中，播放器的数量大大增加，普通的家庭电脑也能播放音乐，市场要比唱片大很多。但这时出现了另一个问题，就是复制太容易，复制成本太低，普通人甚至可以用自己的电脑刻录光盘，专业的刻录机价格也不高，任何一张光盘都可以作为母盘被用于翻录。这个时候，音乐人依然没有因光盘的出现而获得更大的经济收益，甚至维护自己的权利也变得更加困难了。音乐人一直在呼吁大家使用正版，但是在巨大的价格差面前，守得住道德底线的人很少，音乐传播的主要渠道还是盗版市场。音乐人没能从自己的音乐作品中获得更大的收入。很长一段时间，中国的唱片（光盘）市场只有 10 亿产值，相对于中国十几亿人口来说，这个数字非常惨淡。

移动通信出现后，也加入到了音乐传播的阵营中。方便的传播形式、随时随地下载，最初并没有给音乐人带来福音，反而是盗版的传播效率更高，传播也更加容易了。后来一种新的业务模式的出现，为音乐传播带来了新变化，这种业务便是彩铃业务。

彩铃不是为手机用户本人提供服务，而是为给机主打电话的用户提供服务。机主设置了彩铃之后，任何拨打机主电话的用户听到的回声不再是嘟嘟的声音，而是个性化的音乐，这个音乐在很大程度上体现了机主的品位、人生态度，甚至对社会人生的看法，承载了机主的感情。

大多数彩铃用的是歌曲，电信运营商使用的话，首先需要取得音乐人的授权。音乐人呼吁了很多年没有解决的正版问题，在这里解决了。因为电信运营商是一个庞大的商业机构，不可能用盗版音乐，否则很容易被音乐人起诉以维权。对电信运营商来说，支付版权费并不是问题，因为每一个彩铃电信运营商都会向用户收费，一个月 3～5 元的费用，大部分用户都支付得起，和话费一起收取，非常方便。移动通信的加入，把一个很多年没有办法解决的正版音乐使用问题解决了一部分，音乐人的收入很大一块来自电信运营商的彩铃分成。彩铃在中国达到了 80 亿元左右的市场规模。音乐人从彩铃市场分得的收益很快就超过了唱片和光盘的销售收入。

移动通信的加入，改变了音乐的销售与收入模式，这是大家没有想到的。2G 时代就可以支持彩铃，随着 3G 和 4G 的到来，中国的音乐销售模式被彻底改变了。今天我们已经基本听不到使用正版的呼吁了，这不是因为没盗版了，也不是因为音乐免费传输的渠道被切断了，而是基于 4G 的网络能力，新的音乐销售模式建立了起来。

4G 到来后，随着智能手机的普及，年轻人这个音乐消费的主要群体，已经不需要下载音乐到 MP3 这种音乐播放和存储设备中，智能手机已经代替了 MP3 播放器。最重要的是，随着 4G 的普及，电信资费已大幅降低，听歌已经不需要很麻烦地把音乐下载到手机中，“下载”这个词基本上已经被年轻人忘记了，想听音乐，只要打开客户端即可，它有各种推荐，在线就可以听。因为 4G 的大带宽，用户根本不需要担心流量，也不会出现卡顿、播放质量不好的情况。年轻人已经不满足于 MP3 音乐，多声道、Hi－Rse 音乐受到追捧，48.0KHz、24bit、PCM 这些音乐在手机端也可以方便地在线播放。

差不多每一个年轻人都在自己的手机里安装了两个以上的音乐平台。这些平台提供了包月会员、每首歌收费等各种收费模式，交费方便快捷，可以随时在线听到自己想听的音乐。与其花时间去盗版传输，不如交很少的费用，用金钱来换时间，用金钱来换服务，今天的年轻人越来越接受这个商业模式。

今天中国的在线音乐市场已经达到 600 亿的规模，极大地改变了音乐销售的模式，而这个市场还在以较高的速度增长。

对于电信运营商而言，音乐在线播放似乎并不是 4G 最大的特点，它们在介绍 4G 业务时，更愿意说高清视频下载，因为这才能体现 4G 高速度的特点。很少有电信运营商会把音乐在线播放作为 4G 的代表性业务，但却是 4G 让音乐从下载音乐转变为在线音乐，音乐的销售模式发生了根本性变化。看到了这样的机会，建立起音乐销售平台，当然也就抓住了 4G 的商业机会。其实离 4G 最近的电信运营商，并没有真正抓住这个机会，对音乐平台的建设、推动也不是特别给力，很大程度上就是没有理解 4G 会带来音乐销售商业模式的变迁。

4G 的商业模式变迁还体现在游戏业务上。我们都知道最早的电子游戏是单机版的，电子游戏靠每一款游戏的销售来获得收入。游戏开发者卖的就是一个个拷贝。和音乐一样，游戏市场也同样面临盗版问题。大量的游戏玩家不去买正版游戏，只要用很便宜的价格买一张盗版光盘就可以，一张 5 块钱的盗版光盘里可能会有 30 款甚至上百款游戏。为了防止盗版，游戏开发企业不得不开发出各种认证办法，而这些认证无一例外地都会很快被破解，多种解码工具被开发出来，随游戏一起做到盗版光盘中去。

很长一段时间，游戏业一直在呼吁大家玩正版游戏，游戏市场的空间只有 80 亿左右，市场并不大。

随着互联网的发展，电子游戏市场也在不断增长，但是真正改变电子游戏市场的还是 3G 尤其是 4G 的到来。4G 的出现，使整个手机游戏市场的格局发生了变化，这个格局不是来自游戏业务本身，而是游戏市场商业模式的革命性改变。

在智能手机和移动互联网全面发展之后，电子游戏的商业模式最大的改变是单机版游戏不再盛行，基本上所有的游戏都变为网络游戏，这些游戏不需要销售拷贝，下载、安装、注册、使用都是免费的，这样大大增加了用户群，用户也可以自由地体验、感受这些游戏。因为游戏的安装和使用都是免费的，迅速扩大了用户群，让更多的人成为用户，极大地推进了电子游戏的普及，尤其是通过社交传播，很多游戏在较短的时间内病毒式地扩散开来。

电子游戏免费下载、安装、注册、使用的模式扩大了用户群，它的收入不再靠销售拷贝，而是在玩游戏的过程中卖道具、卖装备、卖皮肤，这降低了用户的抵触和反感。因为付费方便，加上用户个性化、战胜对手的心态，使得大量游戏用户愿意付费，腾讯著名的游戏《王者荣耀》创造了一天收入亿元的惊人业绩，而一个皮肤就卖了上亿元。

笔者本人一直在玩《三国志》这一款游戏，从《三国志 4》一直玩到今天的《三国志 2017》，这款游戏到了《三国志 2017》，和原来单机版故事化的游戏相比发生了很大的变化，变为一款网络战争游戏，本质上和众多网络战争游戏一样，一度我自己也不是很习惯。玩《三国志 2017》时，我最初给自己定了一个标准，就是只玩游戏，绝不花钱买道具、买装备，但是自己的城池不断被其他玩家攻打，辛辛苦苦的建设成果经常毁于一旦，为了让自己的城池不轻易被毁，只好花了约 500 元人民币，升级到 VIP5。我在游戏中碰到的最高等级的玩家是

VIP15，据说充值达到20万元左右。

中国的游戏产业正是因为移动互联网和智能手机的出现，发生了质的变化。智能手机让用户随时随地都可以玩游戏，等人、坐公交车、短时间休息都可以用来玩游戏，而社交让游戏如病毒般传播。移动互联网让游戏的推广模式和收费模式发生了较大变化，用户对收费从抵触转为较容易接受。

今天中国的游戏产业营销收入已经达到2 300亿元，这个市场还在增长，如果不是因为3G、4G的出现以及移动互联网的加入导致分发、传播、收费这些模式的变化，这么大的市场是不可想象的。

无论是音乐市场还是游戏市场，都从一个较小的市场实现了爆发性增长，3G、4G在其中扮演了重要角色。但无论是电信运营商还是产业界，在3G和4G推进时，都没有把音乐和游戏看作较大的机会，因为这些业务早就存在，而且它们不需要特别大的带宽，似乎没有把大带宽的特点发挥出来，因此不是最好的3G、4G应用例子。但正是移动互联网使这两个产业发生了根本性的变化，这些变化的最大特点不是业务本身，而是商业模式。

5G的重要机会也会来自商业模式。最早可能在商业模式上形成5G机会的，是在4G时就已经存在并通过智能手机提供服务的业务。也就是说，在4G的发展中早已做好了足够的准备，仅仅是因为 4G 的带宽不够，例如对高清视频的支持效果不好，到了 5G 时代，随着效果的提升、资费的下降，很快会导致商业模式的新变化。我相信这些业务会最早出现在短视频、视频社交、在线教育这些领域。

让我们用视频社交这个例子来看看 5G 的商业模式变化。4G 时代的社交开始有了视频功能的雏形，但绝大部分社交还是以文字与语音为主要载体。虽然微信这种平台也提供视频社交的功能，但是因为 4G 的能力总体不足，无法支持用户大规模使用高速度网络，所以对微信视频能力形成了限制，服务器端的支持也不够，使我们用微信视频时经常会卡顿，声音效果不好，视频质量也通常不够好。

随着 5G 时代的到来，因为速度更快，总体网络资源大大提升，大量用户都使用高清视频成为可能。5G 时代，智能手机支持的视频很快会提升为高清视频，今天在华为的旗舰手机上就已经用上了“畅连通话”，视频都是高清视频，体验效果远远超过微信的视频功能，只要有了这样的视频支撑能力，基于此建立更多的业务就有了机会与可能。

2020 年春天的新型冠状病毒肺炎疫情牵动着每一个中国人的心，也对社会经济产生了巨大影响。如果我们已经有了强大的 5G 通信能力，有了高清视频支持，就可以在此基础上建立一个远程诊疗系统，用户通过高清视频接入医院端诊疗系统，不一定非得去医院。其实今天我们很多的诊疗也不一定必须面对面交流，体温这样的数据可以通过用户自行按医生指导来完成，高清视频保证了交流的畅通，也给予病人信任感和亲切感。这个强大的诊疗系统还可以把病人的既往病史、过敏史等信息显示在医生的屏幕上，医生在与病人交流了解基本情况后，对照病人的检查数据，决定病人是否需要到医院治疗，或者居家治疗即可，或者指派社区医生上门辅助治疗，例如打针等。

我相信这样的一个系统如果逐渐建成，很多小病就可以通过远程系统来解决，从而大大减轻医院的压力。最近笔者体检血压略高，去医院看医生，第一次去医院经过了复杂的挂号、取号、开卡程序，检查时，医生也不过是量一下血压，看我自己最近一周量的血压数据，得出结论可能是高血压，开两周的药，吃完再看情况。两周后，再去复查，医生看吃药的效果不错，那就继续吃。每次看病用时不超过3分钟。这种常见的小毛病，如果通过远程诊疗系统，病人则不需要跑医院，减小了感染的概率，医生也降低了受感染的可能，减轻了压力。甚至一般性的问题也可以通过远程诊疗系统随时沟通，帮助病人解决日常遇到的健康问题。

这样的远程诊疗系统不仅可以防止交叉感染，还可以大大降低社会成本，降低因医疗资源不足造成的压力，这也是分级诊疗、家庭门诊的一个部分，甚至会大大降低伤医事件的发生概率。

当然，这样的远程诊疗系统，似乎在技术上并不一定需要5G，用 Wi－Fi、4G 也一样可以建构，一个技术最后能成为产品，成为强大的服务，通常不取决于技术是否可行，而是看实现这个技术的成本是多少。如果通过 Wi－Fi，就需要在每个家庭建立 Wi－Fi 接入，还需要进行维护，这项工作只能由用户自己来做。事实上用户要做好这项工作，还是非常困难的。5G 的价值在于整个系统由电信运营商进行维护，不需要用户去干预就能保证网络的畅通，而大家都拥有智能终端，不但不需要用户新增投入，而且注册、支付这些系统也基本都完善了。5G 要做的就是保证网络速度远超 4G，它不需要用户进行更多的投入，学习成本很低。

虽然基于传统互联网和 3G、4G 都可以构建远程医疗系统，但要大规模普及，形成商业模式，5G 提供了最大的机会和可能。开发者一定要明白一件事，一项产品或服务能被广泛接受，是多种因素共同作用的结果。低成本、不需要学习和维护、能方便地提供服务，甚至还能形成强大的传播和推广能力，这才是真正的机会。5G 不仅提供了能力，还能实现低成本、免学习，这才是发展起来的机会。

精细化的计费将是电信运营商的机会

5G 带来的机会不在于业务本身，而在于商业模式和业务模式，对电信运营商而言更是如此。

长期以来，电信业一直在讨论，不要沦为管道，电信运营商除了网络建设之外，希望能找到更多的机会。在移动互联网的业务发展过程中，电信运营商也希望在这个领域有所作为，应该说全球电信运营商都做过努力，但成效并不明显，相比富有竞争力、决策机制灵活的互联网公司，电信运营商显然不适合这种即时反应的领域。

在 5G 时代，除了建设网络之外，电信运营商还有没有机会？我相信除了建设网络卖流量之外，5G 会给电信运营商带来更多的机会。

电信业这几十年有了高速发展，之所以能取得较高的收入，除了网络之外，一个精细化的计费平台是它生存发展的根本。20 年前，广电业和电信业相比，普通大众看电视的时间远多于打电话的时间，电视覆盖的人群也远远超过电信业，但是广电业获得的收入总体只有电信业的 1/10，一个重要的原因就是广电业从来没有建立起一个较为完善的收费平台。电视只是进行单向信息传输，完全没有对用户进行管理，谁看了电视，不知道；看了什么节目，不知道；用户看了多长时间，不知道。一部电视剧，有没有用户看，只能靠调查。广电的主要收入模式是广告，虽然央视黄金时间一秒钟广告高达几十万元，但是总体收入水平很低，今天中央电视台一年的收入不过是一个中型企业的收入水平。

广电业的有线电视虽然也建立了一个收费平台，但这个平台极为粗放，计费采取的也是极为粗放的模式，一户一个机顶盒，每个月收一份钱。它面向所有用户的收费标准是一样的，因为影响这个标准制定的是全社会的人，特别是收入水平低的人，所以有线电视的收入也并不高。

与广电业最大的区别是，电信业在开始提供服务时，就建立了一个较为复杂的收费系统，谁是自己的用户，知道；用户用了多长时间，知道；用户在什么地方，知道。电信业的用户量一开始并不如广电业多，但因为计费平台的精细化，也就造成了两者收入的差别。电信业表面上计费单元是一样的，打一分钟电话，收 0.40 元，但仔细分析，收费情况却有很大不同。一个经济水平很一般的用户，平时主要是接电话，并不常打电话，一个月可能只花费 20 元，他基本上是可以接受的。一个工作非常繁忙的商务人士，他需要经常打电话，一个月可能花费 800 元的电话费，对他而言，这项通信费是生产成本，公司是可以报销的，对企业而言，这项支出可以带来收入回报，能够承受得起。这样一个商务人士为电信业创造的收入就相当于 40 个普通用户创造的收入。

近年随着技术的发展、资费的下降，普通大众可以在通信设备上看电视、听广播了，电信业的收入增长更是远远超过了广电业。

因此，精细化的计费在电信业发展中扮演了极为重要的角色，如果没有精细化的计费，也采用包月，一定会定出一个低价，电信业的收入就会腰斩，甚至还会减少很多。

随着电信业的竞争加剧，电信业有放弃计费精细化的趋势。近年来，电信运营商搞不限流量套餐，就是在往这个方向发展。一个用户甚至一个家庭，包月，不限流量，一家运营商最初推出 199 元套餐，另一家运营商可能推出 188 元套餐，然后就会有 169 元、129 元甚至 88 元套餐，竞相打价格战。在这种残酷的竞争下，电信运营商的收入只会绝对下降，而无任何增长的可能，因为今天中国已经拥有 14 亿手机用户，这意味着基本上每人一部手机，新增用户的空间很小；在现有的用户中，单个用户创造的收入是下降的，这对于电信运营商的发展可谓灭顶之灾。

不限流量的套餐，不但会让电信运营商计费粗放、收入下降，也会导致社会更加不公平。精细化的计费，就是让使用得多的多付费，使用得少的少付费。大量使用网络资源的商务用户，更多地承担网络的成本；而较少使用的用户，较少地承担网络的成本。采取包月不限流量的模式，导致收入水平高、使用网络多的人，资费降下来了；而收入水平低、使用网络不多的人，费用却涨上来了，这其实是不公平的。

粗放的计费模式也会让服务更加粗放，一些用户的要求无法满足。一个网络直播的主播，他需要在任何地方网络都是稳定的，在大量使用会导致较为拥塞的情况下，他要求网络必须是畅通的，为此他可以多付一些费用。但是今天的网络对所有人都一样，收费一样，服务也一样，要堵所有人都堵，你想多付费也不行，这就导致一些特殊的服务得不到满足。

4G 网络主要销售的产品是语音、短信、流量，产品较为单一，对这些产品的计费模式也在变得越来越简单，这在很大程度上造成电信运营商的收入无法形成增长空间。

5G 却不同，首先它的产品更加丰富，除了传统的语音、短信、流量之外，还会有更多的不同产品。即使是流量产品，也有高速度流量、一般速度流量。除了速度之外，还有可靠性保证。计费单元从原来的时长、短信的条数和流量的多少，增加了速度、稳定性、可靠性等诸多单元，这些单元被引入到计费体系中，不仅计费更加复杂，同时在精细化的计费过程中还会形成更多新的服务。这些精细化服务形成的能力就是电信运营商新的收入空间。

仅仅是单一的流量，价格一定是越来越低，这个大势是无法改变的。5G 到来后，运营商提供的不仅是流量，还有稳定性、安全性、云服务、计费能力，因此它就不仅是卖流量，而是会有更多的收入和发展空间。

我们都知道，5G 除了 NSA 这样一个路径，还有 SA 路径，SA 走的路线就是独立组网，它针对 5G 的业务和要求，不仅把基站改造成 5G 基站，可以支持 5G 的高速度，而且把核心网改造成 5G 核心，在用户管理、业务管理、计费体系上形成新的系统。通过这个新的系统，让网络管理、业务管理更加强大，计费更加精细。网络切片会成为 5G 网络的一个重要部分。一个无差别的公共网络，在网络业务上是无差别的，但用户是有差别的，因而需要过渡为一个复杂的网络，这个网络会对不同业务进行智能化的管理，不仅可以实现不同的安全级别，也可以针对不同用户的不同要求，提供不同的服务，当然还会提供不同的计费模式，甚至输出计费能力。这些带来的收入会远远超过卖流量的收入。

接下来分享几个相关的案例。一个女主播，她希望在任何时候都有畅通的网络，而事实上在一些演唱会现场、体育场人群聚集较多的情况下，所有人都在用这个网络，无论是 4G 还是 5G，都有可能出现拥堵的情况。在一个演唱会上，她要做直播，出现了拥堵，而她希望这时她的网络保持畅通，为此她愿意支付较高的费用，例如每月 1 000 元，因为相较于她一个月 5 万元的直播打赏收入，这 1 000 元的通信费成本不足为道。在 4G 时代，这个女主播的要求没法得到满足，即使她愿意多付钱也无法实现。

但是 5G 的智能网络管理和业务管理就可以把这个用户做成一个网络切片，把这个用户切出来，在别人的网络出现拥堵时，她的网速可以得到保证，而且因为为她提供的是专门服务，运营商也应该有更多的收入。这样的业务，除了主播，相信很多需要有网速保证的用户都可以采用。

今天的采矿，大部分还需要矿工深入地下进行采掘作业，把矿装车，通过轨道或传送带把矿运送出来，因为地下条件非常复杂，每年事故不断，经常会造成伤亡事故，对产业的影响非常大。大家都在探索远程进行管理控制的模式。

在矿井下面，以往是不需要建设通信网络的，因为在井下建设通信网络，在技术上还存在一些需要解决的问题，如安全问题，井下是不允许有电火花的，需要使用泄漏电缆，还需要建立独立计算、数据处理系统，使用边缘计算能力来实现低时延。这在很大程度上是构建一个小的局域网，通过这个网络系统提供低时延、高可靠的网络，这个网络支持远程开展采掘业务，也支持井下运输管理，因而必须通过 5G 来建立新的系统，当然也会有较高的成本支出。在这个系统中，流量要求其实并不高，运营商也不可能向矿主卖流量，它向矿主销售一个基于 5G 的矿井采掘与服务系统，同时还要负责这个系统的管理与运营，从而获得较高的收入。

除此之外，电信运营商还可能输出自己的计费能力。电信运营商已经建立起一个庞大而复杂的计费系统，这个系统个人或是小的互联网平台没有能力建设，而未来的智能互联网业务绝大部分是需要收费的，电信运营商可以把计费、管理的能力提供给合作伙伴，帮助它们构建自己的计费、收费、管理平台。举一个简单的例子，2019 年，我曾经有一个讲什么是 5G 的视频在互联网上流传非常广泛，全网播放上亿次，影响非常大，但是这个视频并没有给我带来任何经济收入，因为这是免费的。如果这个视频的电信运营商提供了管理与计费能力，视频到一半时，愿意再看下去的用户需要支付 1 元的费用，如果还有一半的人愿意看，并通过运营商平台付费，这一个视频就有可能创造数千万元的收入。我相信这无论是对于视频制作者还是电信运营商都是很好的经济回报。

总之，如果一直卖流量，把计费搞得越来越简单，电信运营商的收入一定没有办法增长，因为用户已经达到极限，用户增长的空间已经很小。要在现有的用户中实现收入增长，就需要针对用户提供更多的有价值的个性化服务，而精细化的计费和管理，是实现个性化的重要一步。有人问电信运营商能不能参与业务开发，不是不能，只是和小的互联网公司竞争时，它的灵活性、成本优势都很难发挥。电信运营商可以做的是，建立一个较为庞大的体系，提供给更多用户使用，而一个精细化的计费体系，可以根据用户的需要提供服务，这才是未来的一个发展机会。

这个系统，当然也可以在 4G 的体系下建设，但是随着 5G 的网络建设，需要重新构建核心网和智能网络管理系统，这就是一个巨大的新机会。

区块链是不是 5G 的新机会?

区块链最近成为大家关注的热点。区块链是一个更加安全的体系，同时也对带宽和网络提出了更高的要求。区块链会不会支持 5G 的发展，或者 5G 会不会促进区块链成为一项有价值的服务，让区块链变得更加强大?

传统的信息存储，尤其是金融信息存储是中心化的，账本存在银行的服务器上，资金转移只要在服务器上做个记录就可以了。而为了安全，银行设立多个服务器，进行分布式存储，比如一笔账，记在 5 个不同地方的服务器上，数据可以同步。这当然还有不安全的地方，把这 5 个服务器的数据都改了，似乎比较容易。

区块链就是运用了“去中心化”的思路，账不再记在银行服务器上。那记在哪里？记在我们每一个人的账本上。在电脑或是手机里建立一个钱包，每一笔资金转移，都要在使用这项服务的每一个人的钱包上记录一笔，这和在银行服务器上记账相比，安全性有了极大的提高。试想，银行弄了 5 个服务器来记账，把这 5 个服务器的数据改了，就可以了。如果是记在大家的钱包上，如果 100 万人在用这项服务，记了 100 万笔账，你必须修改 500 001 个数据，才能把这个数据改掉，这就极大地提高了安全性。

什么是区块链？（1）分布式存储。它的数据不是存在某一个或几个服务器上，而是分散地分布式存在众多的钱包或节点中。（2）点对点传输。以前的信息传输，是终端对服务器，服务器是一点、是中心，终端是多点，终端间不相互传输信息，信息的传输是一点对多点。现在的信息传输是点对点，相互之间进行信息传输。这个过程也是“去中心化”的过程，以前服务器是中心，终端会围绕着服务器；现在每个节点之间相互进行信息传输，它们都不是中心，而是平等的节点。（3）共识机制。通过算法实现共识，例如工作量是用挖矿的模式来衡量的。（4）加密算法。原来计算机处理的信息都是明文的，通过加密算法，使之成为加密文件，保护数据不被非法窃取、阅读。

通俗的表述就是，原来老鼠把粮食存在一个洞里，如果被挖出来，一个冬天就没有吃的了，所以不安全；现在老鼠把粮食存在多个洞中，这就安全了很多。无论如何，区块链是一种基于互联网的信息存储和传输模式，它是依附于互联网的，皮之不存毛将焉附？区块链是不可能颠覆互联网的，它只能是互联网信息存储与传输模式的一种。就算区块链技术真的发展起来，它也不可能完全代替今天以服务器为中心的信息存储和传输模式。

说区块链的价值，很多人头头是道，但是不讲区块链的问题和缺陷，事实上区块链存在无法避免的技术缺陷。

区块链通过大量节点的存储实现了安全性，但这需要通过消耗大量资源来实现分布式存储，这一缺陷事实上是灾难性的。比如一项服务有 1 000 万人在使用，理论上区块链应该建立 1 000万个节点，有一个信息改变时，比如 A 给 B 转了 100 元，以前服务器只做一次信息改变，或者在几个服务器上同时进行信息修改，现在却需要进行 1 000 万次的信息修改和存储。这就把存储空间、存储时间以及能源消耗提升为原来的 1 000 万倍。这个过程耗费了巨大的社会资源，耗费了大量的存储空间，耗费了大量的能源，也耗费了大量的时间。

举一个简单的例子，比特币的钱包现在已经是几百 G 了，一般的智能手机无法承受，也会占据电脑硬盘大量的空间，而且进行一次比特币转账，根本没有办法实时到账，必须经过几个小时对大量节点进行存储才能完成，所以将它作为电子支付手段基本上不可能。

区块链的运行需要耗费大量的能源、存储空间和时间，它适合低频度使用、安全性要求极高、对时效没有任何要求的业务与应用。

一项业务如果有较高的时效性和使用频度，是无法采用区块链技术的，除了把并非全量存储、依然是中心化的业务也称为区块链。

作为一项技术，区块链自有其优势，也有绕不开的缺陷，需要利用多种技术取长补短，形成一个系统，来提升其技术水平和服务能力，以提升社会效率。

到目前为止，区块链还没有被较大规模地应用到社会经济的某个层面，我们在说数字金融、物联网、智能制造、供应链管理、数字资产交易时，真正能采用区块链技术，并且达到较好效果的案例还很难看到，应该说区块链技术的成熟和完善乃至大规模应用还有很长的路要走，也有很多需要完善的地方。

尤其要提醒的是，区块链不能和虚拟货币画等号。虽然区块链技术和虚拟货币有着千丝万缕的联系，但区块链作为信息存储和传输模式的一种，它和互联网的发明、硅这种存储材料的发明、人工智能技术相比还有较大的差距，无论是改变世界的能力，还是其本身的能力，都不足以和这些具有划时代意义的技术相比拟。

同时，区块链也不等同于数字货币。从目前的技术机制来看，完全采用区块链技术是无法承载数字货币的，因为区块链不能实现实时转账，且需要耗费大量的存储资源。数字货币将来作为一种国家主权货币，由国家为其背书，它才会有信用，也才能得到广泛的承认。数字货币会整合多种技术，做到既安全、稳定，又能实时到账、方便支付，还可以进行规范化的管理。

数字货币可以包括一部分区块链技术，但是它本质上不可能是区块链，而且数字货币一定是中心化的，要由国家背书，并且在技术上国家有控制力，把钱包存在每一个用户的终端上的区块链不可能实现数字货币的基本要求。

区块链最适合的场景是使用频度不高，但是对安全性要求极高的业务。比如文物的数字身份证，针对所有收藏品建立一个区块链的系统。而通过多层技术建立起以服务器为中心的存储节点，在某些层使用区块链技术也是可行的，但是这样的体系意味着这个系统其实还是有中心的，本质上不能算区块链。今天分布式的存储和计算，早已经在大规模使用，“双十一”和 12306 对高并发的支持早就存在了，这些分布式的技术其实还是通过建立多服务器的资源的调配，它完全不是区块链的思维。

国家重视区块链研究，让很多币圈炒币的人非常兴奋。我相信认真研究区块链技术，并不是为了推动全民炒币，更不是鼓励创造众多的空气币，而是要把区块链技术研究透，用于社会管理和能力提升。而作为国家主权货币的数字货币一旦出台，国家一定会对众多的虚拟货币进行清理，不允许这些虚拟货币破坏数字货币的信用，影响数字货币的声誉。在很大程度上，国家重视区块链技术，重视数字货币，不是币圈的大好机会，而是币圈的末日就要到了。

区块链作为一项技术，关注、推动、研究它都是正常的，但是必须把技术发展与炒作区分开，更不能让技术推动成为少数人炒作牟利的工具，发币、买币不是区块链技术，也不是未来的发展趋势。

从技术角度看，区块链会在一些特定的场合使用，但是它不可能成为人类大规模信息存储和传输的模式，因为它的低效率和高资源消耗是不可避免的，人类目前还没有技术能做到完全不在乎资源和效率，5G 就完全不可能用来支撑区块链的体系。

人类未来的信息存储，总体而言还是会以中心模式展开，“去中心化”只会在极小范围内使用。

新型冠状病毒肺炎疫情对 5G 产业的影响

2020 年的新型冠状病毒肺炎疫情，在很大程度上影响了社会经济，影响了我们的生活方式，也极大地影响了5G产业的发展。疫情前我们看5G，很大程度上还是梦想；疫情中我们看5G，到处都是刚需。同时我们也要看到疫情对消费的抑制，对生产的影响。总的判断是，疫情对5G的发展是负面的，而疫情过后会极大地刺激5G产业的发展。

疫情中5G产业不可避免地受到影响

新型冠状病毒肺炎疫情的出现，极大地影响了社会经济的发展，5G产业也不可避免地受到影响，反映在多个方面：

（1）疫情导致工厂不能正常生产，将极大地影响电子信息产业的正常发展。受疫情影响，一直到2020年2月17日，大部分企业不能正常进入工作状态，即使开工，开工率也很难达到75%，一直到3月初全社会才正常复工，这意味着整个2月份电子信息产业的工作基本是停滞的。这种情况严重影响了整个产业链的激活，一个配件供应不足，就可能影响整个产业链，影响产品的正常生产和出货。包括富士康这样的企业，因为工人不能正常上班，企业不能正常开工，甚至影响了苹果手机的生产，进而势必会影响整个电子信息产业。而疫情的重灾区武汉是中国电子信息产业重镇，华为在武汉有上万人的研究所，联想在武汉有庞大的生产基地，武汉光谷聚集了光通信技术的重点企业，也有长江存储这样的半导体企业。这些企业的生产、研发受到十分不利的影响。

（2）疫情甚至导致举办了 25 年的 MWC（世界移动通信大会）停办。世界移动通信大会是全世界最有影响力的通信业盛会，代表了全球通信业的最高水平，也是中国企业向全世界“秀肌肉”的一个最好机会。这次大会的停办，让中国企业失去了一次展示自己的机会。这次盛会也是全球推进 5G 的一个非常重要的交流平台，5G 的研发与推进工作因停办受到影响，这对 5G 发展是前所未有的，也是非常不利的，会在一定程度上影响全球 5G 的发展进程。

（3）疫情极大地限制了物流的正常流通。疫情出现后全国各地出现了封路、限制人员流动的情况，除了一些医疗物资和生活保障用品，很多产品无法运送，电子信息类产品的日常物流受到较大影响，导致产品无法及时送达。物流的受限，影响了整个产业链，让研发、生产、仓储和销售都面临较大的影响，在某些领域的影响还非常致命。

笔者于 2020 年 1 月 25 日在某电商平台下单购买了一个智慧屏，过了 20 多天一直没有送达，最后只好选择退货。物流不畅，整个社会经济就没办法正常运行。物流对电子信息产业的影响是全局性的，从上游的生产到下游的销售都会受到影响，尤其是对下游的影响更大。对于上游，企业可以自备车转运，自行解决物流问题。但是下游从生产到销售环节如毛细血管一样深入到各地，疫情不除，就无法保障物流的正常运行。物流的不畅，让我们原本希望因线下销售受影响而转到线上的销售能力也无法实现，因为即使线上有人下单，也不能送达，实现销售，极大地影响了业务的正常开展。

（4）疫情对线下销售的打击是全面的，也在很大程度上影响了线上销售。很多地区处于封闭状态，人员不能外出，不能流动，线下销售就无法保证，大量的零售店在2月份都关门了，包括手机专卖店、电子产品销售店都处于闭店状态。即使是正常开业的店，由于人流少、销售很差，经营也无法保证。

相较于线下，线上销售情况略好，特别是生活用品。但电子信息产品的销售受到抑制，疫情中隔离在家的人对电子信息产品的传播、购买欲望不大，物流的不方便也影响了正常的线上销售，在很大程度上也影响了5G手机的销售。

（5）疫情对电信运营商的5G部署也有一定的影响。疫情期间，一方面电信运营商要集中力量抗击疫情，另一方面人员流动受到限制，而且设备供应、资金都受到一定的影响，一些地方2020年第一季度的5G部署因施工人员不足，很多场所无法进入，进度会大受影响。

从这个意义上看，2020年第一季度电子信息产业不可避免地会遭到重大打击，一些领域的销售会降低60%，这对5G的发展肯定是非常不利的，在一定程度上也会影响今年的经济发展。

疫情对电信运营商 5G 建设的刺激作用

疫情使经济和 5G 的发展受到不小的影响，但从长远来看，疫情对 5G 有巨大的刺激作用，甚至起到了以前各种宣传、推广也很难起到的效果。

（1）疫情让 5G 从梦想成为现实的刚需。任何一种新技术的出现都会面临考验，就是我们真的需要这个技术吗？5G 也一样，在 5G 建设之初，社会上质疑不断，我们真的需要 5G 吗？我们可以想到的一些应用，其实 4G 就可以做，或者根本是伪需求，我们真的需要无人机、需要机器人、需要远程手术吗？这些质疑的声音，在一定程度上影响了 5G 的推广决心，也影响了决策者的判断。

随着疫情的出现，很多 5G 业务崭露头角，大家希望出现更多的业务，包括无人驾驶、无人机以及其他各种人工智能产品，这些产品在疫情中大显身手，解决了很多切实的问题。疫情中，人们对 5G 不再有什么疑问，而是把各种智能设备运用到抗击疫情中去，通过智能化减少感染、提高效率，帮助医护人员、政府、相关机构解决各种问题。

因此，疫情的出现大大消除了全社会对 5G 的犹疑态度，普及了 5G 知识，更多的用户和运营商看到了 5G 的价值，坚定了尽快开展 5G 建设的信心。

信心就是生产力，在一项新技术被广泛应用时，业界坚定信心，产品被用户广泛认同和接受，这是 5G 业务发展的最重要的力量。

（2）尽快完成 5G 网络的部署变得更加现实。5G 要发展起来，必须尽快建设起 5G 网络，形成有商业价值的覆盖。

自 2019 年 5G 牌照发放以来，虽然电信运营商对 5G 建设较为积极，但是内部还是存在建设成本高、运营成本高、应用不够明确的争论，对于何时能收回投资心里没底。这种争论在一定程度上影响了某些地方电信运营商在 5G 的规划、建设中采取的措施与战略，有些可建可不建的就暂时不建，对于尝试覆盖采取观望的态度。如果较多地方的电信运营商都采取这种态度，5G 的建设就会受到一定的影响。

在疫情中，大量的用户居家生活和办公，交流、沟通是很重要的一环，而抗击疫情也需要进行信息沟通，了解情况，及时调动各种资源，这都需要通信能力的提升。5G 网络的容量和支撑能力远远超过 4G。对于电信运营商而言，今天的 4G 网络不是够用了，而是远远不足。网络能力不足，当然也可以进行 4G 扩容，但是一个 5G 基站提供的带宽是 4G 的 20 倍。同样的产出，同样的时间成本，5G 提供的能力远超 4G。因此，电信运营商尽快建设 5G 的积极性大大提升。

2 月中旬，笔者发现自己在北京的家中，室内已经开始有 5G 信号，而且卫生间这样的地方信号覆盖也很好。这一建设速度超过了 4G，远远超出了之前的预想。在一定程度上，这和疫情的刺激不无关系。

相信随着疫情的解除，电信运营商会掀起 5G 建设的高潮，集中力量加快 5G 网络建设。

疫情过后越来越明晰的 5G 机会

没有疫情这样的特殊事件，用户生活在一个正常的环境中，习惯了过去的业务、应用，对于一项新技术，经常会冒出这样的想法：我们真的需要这样的业务吗？对于 5G 背景下的业务，普通人不太容易认识清楚，尽管创业者和研究者花时间去研究、去试错，开发出产品，推动用户尝试，但用户的积极性还是不太高。

重大社会事件却可以刺激出一些需求，促使用户对应用与业务提出要求，希望产业界能满足，这种要求对业务的推动价值非常大。这次新型冠状病毒肺炎疫情的情形也一样，有很多问题需要产业界尽快解决，满足用户的需要。用户从被动接受变为主动要求。

（1）需要更丰富的情感交流手段。今天已经是一个信息爆炸的时代，大量信息通过各种手段和多种信息交流工具在流动。

互联网从传统的四大门户，到搜索引擎，再到各种社交工具，形成了强大的信息交流平台。随着疫情的蔓延，这些信息交流平台，尤其是社交平台承载了巨大的信息流，信息传播空前繁荣。疫情也暴露出传统信息传输平台的能力不足。平时我们进行一些交流和沟通，只用声音传递基本信息就足够了，而疫情中，大家的心都变得更加柔软，需要情感的交流，比如远方的父母和子女的沟通，抗疫一线工作人员之间的沟通，住进方舱医院的病人和家人的沟通，大家希望通过视频看到对方。视频传递的信息，远不止声音信息那样，只是单一的。视频中，人的表情、精神面貌、周边的环境都成为信息的组成部分，人们可以获得更多的信息。

在疫情中，我们看到更多的交流从原来的文字、声音变为影像，从单一媒体变为多媒体，从情感较为粗糙变为情感更加细腻。

在武汉雷神山、火神山医院，电信运营商的 5G 部署让一线的医护人员进行交流时，都可以使用高清视频，这也成为一种信息交流的示范。在雷神山、火神山医院的建设过程中，高清视频的直播也吸引了数千万观众，其实观众主要不是为了获取多少信息，而是需要表达情感。高清视频的强大冲击力、承载的情感力量远远超过文字、声音和标清视频。

疫情之后，把更丰富的视频加入到交流中去，建立起高清、多媒体、多形式的视频社交平台，将是未来信息交流，尤其是社交的发展方向。围绕情感的表达，会出现更多的表现形式与承载平台。5G强大的网络一定会为这些能力提供支撑。

（2）大数据的作用充分显现。通过这次疫情，我们也见识了大数据的作用。一个确诊病人，他去过哪些地方，有可能和哪些人在同一时间交会过，是不是可能受到传染，以前这些信息都是杂乱的，很难被收集起来。此次疫情中，三家电信运营商都发布了查询功能，用户通过授权，可以查询近15日和30日到访省市驻留信息。

这意味着通过电信运营商的大数据平台，可以了解某一用户的活动轨迹，将这一轨迹和时间轨迹进行聚合，就很容易看出用户和受感染病人有没有交集，是不是有可能受感染。这样的平台，对于及时找到受感染者，对于用户了解自己的安全状态，都是非常有帮助的。

很多地区建立起健康码，这是一个大数据的信息收集系统，通过它收集用户的流动信息，保证及时寻找到感染人群，防止疫情扩散。

在疫情之前，一些法律人士对于信息收集还颇有怨言，但是通过疫情，绝大部分人都看到了大数据的价值，支持建立强大的大数据系统。未来这个系统不仅对于防止疫情扩散有帮助，而且对于加强社会管理、提升社会安全也有较大帮助。这样的大数据能力会成为社会公共服务的重要基础。

（3）智慧医疗管理系统不断提升。此次疫情暴露出我们医疗管理中的很多短板，同时也呈现出有价值的商业机会。

对于流行性传染病，从发现病例，到信息的收集、传递、分析、处理，最后形成结论，尽快建立预警和管控机制，目前的系统还有许多需要改进的地方。疫情较大规模地扩散，一定是这个系统有不够完善的地方，需要尽快重建更加强大的信息管控和分析系统，及时获取信息，及时进行科学的分析，尽快得出科学的结论，在这样一个基础上进行信息发布和公共管理。这样一个系统建立在信息采集、信息传输、信息分析的基础上。

除此之外，通过疫情我们还可以看到更多智慧医疗的能力需要建立起来。我们以往说到智慧医疗，说到 5G，总是围绕远程手术这种尖端但并不是非常普及的应用。其实基于 5G 建立起强大的分诊系统是当务之急。

一直以来，我们没有强大的医疗分诊系统。病人无论病情轻重，都爱往大医院跑，造成拥挤。大量的普通病人、重症病人和传染病人混在一起，很容易造成交叉感染，而大量的普通病人挤在大医院，也挤占了优质的医疗资源，造成社区医院过于清闲，三甲医院压力过大。

要建立起分诊系统，必须要有高品质的信息交流方式，让医生和病患可以获得更多的信息，高清视频是一个基础能力。

用户打开 5G 手机，进入诊疗 App，就可以直接和医院分诊系统连接，医生可以看到用户的相关信息，甚至既往病史、过敏史等各种医疗健康信息。然后，医生通过高清视频可以看到用户的影像，了解用户的状态，所有的语音交流都被记录与存储下来，从而避免很多医疗纠纷和表达不清、误解的情况。对于一般的小病，在视频交流中就可以基本解决，医生开药、用户付费后，通过快递系统把药递送给病人，病人按医嘱吃药就可以。通过网上诊疗，普通病人不必浪费跑医院的大量时间，避免交叉感染的机会。

在智能手机上，用户接入相应的设备，可以进行体温、血压、心电、心率、血糖的基本检查，作为医生看病与分诊的参考。这样的系统会大大减少医院的压力，也减轻病人的负担。需要到医院治疗的复杂病情，可以通过分诊系统办理预约和入院手续。

可以说，智慧医疗系统存在巨大的发展机会，也有非常多需要完善的能力，随着疫情的出现，会有相关企业进行研究，一点点地用产品来解决。

很多人会问，这样的系统 Wi－Fi 也一样可以做，为什么必须用 5G？Wi－Fi 建设成本低，效率高，能力也不错，但它缺乏移动性，在随时使用，方便接入，尤其是不需要适配的场合效果不好。5G 的覆盖会远远超过 Wi－Fi，稳定性更好，不需要进行复杂的适配。5G对智慧医疗业务的带动作用将会更大。

（4）生活服务智能化将被广泛接受。智能生活服务正在逐渐进入我们的生活中，比如我们熟知的移动支付、移动电子商务、外卖等，快递小哥在其中扮演了非常重要的角色。智能家居产品虽然已经被一部分用户关注，但接受度并不高，疫情对智能家居产品有重要的推动作用。仅一个空气净化器，以往用户关注的是雾霾和甲醛，很少关注病菌和病毒，通过疫情，更多用户对空气质量的关注不仅包括雾霾和甲醛，病菌和病毒也成为关注对象。今天高品质的空气净化器滤除H1N1病毒可以达到99%以上，对清除新型冠状病毒应该也有效果，这些产品在未来的家庭生活中会扮演重要的角色，把智能管理和这些产品结合起来，将会形成强大的能力，也会产生较大的市场机会。

新型冠状病毒肺炎疫情对中国经济影响巨大，也不可避免地会在短期内影响5G的建设。但从长远来看，它会极大地促进中国5G的发展，扫清5G无用论，让更多的5G业务的价值显露出来。疫情会成为中国5G发展的重要推手，疫情过后，和5G相关的产业会迎来重要发展机会。

5G为什么会成为新基建的排头兵？

新型冠状病毒肺炎疫情不仅给世界造成了较大的灾难，同时也导致了全球格局的改变。在疫情冲击之下，世界政治、经济等各个方面，都会出现重大改变，我们再也回不去了。

为了重振经济，“新基建”成为中国的一个重要战略。新基建主要包括5G基站建设、特高压、城际高速铁路和城市轨道交通、新能源汽车充电桩、大数据中心、人工智能、工业互联网七大领域，涉及诸多产业链。2020年的政府工作报告也表示重点支持“两新一重”建设（新型基础设施建设，新型城镇化建设，交通、水利等重大工程建设）。

新基建包括的主要内容有：

一是信息基础设施，主要指基于新一代信息技术演化生成的基础设施，比如，以5G、物联网、工业互联网、卫星互联网为代表的通信网络基础设施，以人工智能、云计算、区块链等为代表的新技术基础设施，以数据中心、智能计算中心为代表的算力基础设施等。

二是融合基础设施，主要指深度应用互联网、大数据、人工智能等技术，支撑传统基础设施转型升级，进而形成的基础设施，比如智能交通基础设施、智慧能源基础设施等。

三是创新基础设施，主要指支撑科学研究、技术开发、产品研制的具有公益属性的基础设施，比如重大科技基础设施、科教基础设施、产业技术创新基础设施等。伴随技术革命和产业变革，创新基础设施的内涵、外延也不是一成不变的，需要持续跟踪研究。

5G 被列为新基建之首，成为支撑所有新基建领域的基础。为什么在新基建中 5G 具有这么重要的地位？

基础设施建设是改变一个国家国力的根本力量

一个国家要提高效率、降低成本、提升能力，必须首先做好一件事，把基础做扎实，因为扎实的基础能力是社会效率的根本保证。世界上所有大国在经济发展过程中，都会通过大力开展基础设施建设来拉动经济，夯实基础，把国力带向新高度。

近 100 年来，通过基建大力拉动经济最具代表性的国家就是美国。从 1830 年开始，美国就大规模进行铁路建设，到 20 世纪初，通过几十年的积累，美国形成了庞大、高效的铁路网。1916 年，美国铁路总里程达到历史最高，约 41 万千米，形成一个全世界最庞大的铁路网系统，至今也成为货物运输的主要能力。

自 1937 年在加州修筑第一条长为 11.2 千米的高速公路以来，到 2020 年，美国已建成高速公路总里程达 10 万千米，其网络几乎贯通全美所有城市，其中纽约至洛杉矶的高速公路长达 4 556 千米，成为世界上最长的一条高速公路。美国这个庞大的高速公路体系让美国交通极为发达，同时通过高速公路建设拉动了建筑材料、钢铁产量，还对工程机械产业产生巨大的推动作用，尤其是对美国汽车产业发展起到了巨大的推动作用。美国被称为“轮子上的国家”，这种基础设施建设对整个经济的拉动作用意义重大。

截止到 2018 年 5 月，美国建设了 19 627 个机场，其中公用机场 5 099 个。大量的机场促进了美国航空业的发展，无论是航空服务，还是飞机制造、旅游、客货运的能力，美国都一度居全世界之首，这种能力极大地提升了美国的社会效率，同时还拉动了汽车制造、飞机制造，延伸到材料等多个领域，极大地提升了技术的制高点。

在能源体系上，美国建立强大的能源支撑体系也最早。早在 1930 年，世界第一台 20 万千瓦机组在美国投入运行；接着在 1955 年、1960 年和 1965 年，美国分别投入运行了第一台 30 万千瓦、50 万千瓦和 100 万千瓦机组。这是单机容量迅速发展的高潮时期，大致每隔 5 年单机容量翻一番，对加快电力建设速度、降低造价和发电成本起到了相当大的作用。

美国在 20 世纪七八十年代的水电建设，主要是扩建原有水电站和发展抽水蓄能电站，以满足系统运行的需要。

美国核电发展的高潮始于 20 世纪 60 年代中期，经历了 10 年左右的高速发展阶段。

在发电能力和技术上，美国曾经是世界上最强大的国家。

美国也曾经是全世界通信技术最发达的国家。AT&T 曾经是全世界市值最高的公司，在美国建设了全世界最庞大的固定电话网络，极大地提升了全美的信息通信能力。它也是全世界最早开始移动通信技术研发和试验网建设的公司，移动通信技术一度领先世界。20 世纪 90 年代，美国政府推动信息高速公路计划，在美国率先部署了互联网，让信息传输达到一个新高度，使美国信息技术迎来高速发展，全世界最有代表性的互联网公司曾经基本上是美国公司。

在交通、能源、通信上大力推行的基础设施建设，让美国具有很高社会效率和强大社会能力的同时，经常创造出全新的产业，如汽车制造、工程机械、航空工业、核电、移动通信、互联网等，在全球技术发展中居于制高点。我们难以想象，一个国家基础设施建设的能力不行，却能在科技、产业上居于优势地位。大力推动基础设施建设的必然结果，就是围绕基础设施建设领域的技术、产业会高速发展与进步，经济实现一次新的跃进。

新基建“新”在何处?

基础设施建设的基本能力体现在交通、能源、通信这三大领域，这曾经也被认为是国民经济发展的瓶颈，全世界的基础设施建设基本上也是围绕这三大领域展开的。这次的新基建和传统基建有没有不同？它“新”在何处？

其实这次的新基建，无论是 5G 基站建设、特高压、城际高速铁路和城市轨道交通、新能源汽车充电桩、大数据中心、人工智能、工业互联网这七大领域，还是“两新一重”，本质上还是围绕交通、能源、通信三大领域。城际高速铁路和城市轨道交通、新能源汽车充电桩都属于交通的范畴，特高压是能源传输，5G、大数据中心、人工智能、工业互联网都属于智能互联网的体系，这是通信的大概念。从这个意义上说，新基建仍然是基础设施建设，依然围绕交通、能源、通信这三大领域展开。

新基建“新”就新在智能化上，通过智能化的能力，让基础设施建设上一个台阶，达到一个新高度。

仅以新能源汽车充电桩为例，我们都知道中国汽车产业一直较为落后，要赶上甚至超越国外的主流品牌有较大难度。对于中国汽车而言，走在世界前列的最大机会和可能，就是新能源汽车。要让中国的新能源汽车市场真正发展起来，必须建立起一个庞大的充电桩系统，做到随时充电。目前全世界没有一个这样的新能源汽车充电桩系统，中国如果走在世界前面，一定会在新能源汽车领域走在世界前列，同时还会对电池产业、能源存储材料领域产生正面影响，使新能源汽车的配件产业有巨大的增长，当然也可能让中国的空气更加清洁。

通过智能化，将交通、能源、通信的各个方面都提升为一个更加强大的系统，实现以前基础设施建设无法实现的能力，这些能力的形成，可以让国家的基础设施上一个台阶。

通过智能化，轨道交通可以实现智能管理，电网可成为智能电网，而大数据中心、人工智能、工业互联网都需要用 5G 来做通信支撑。

5G 为什么是整个新基建的基石?

新基建通过智能化的能力，极大地提升了传统基础设施建设的水平，为未来的高效率社会铺路。新基建强调的是一个综合的能力，它不仅是传统上的硬件建设，同时也是在建设的过程中，通过智能化的能力，将这些基础设施提升到一个新的高度。

新基建的智能化是移动互联、智能感应、大数据、人工智能共同形成的能力，这些能力相互融汇，相互结合，共同起作用。智能感应、大数据、人工智能其实都有很长的历史了，尤其是人工智能有超过 60 年的发展历史，以前之所以一直发展不起来，是因为缺少足够的数据，很难让人工智能在大量数据积累的基础上，形成有价值的服务。今天智能感应、大数据和人工智能结合的基础就是移动互联。

因为有了移动互联的能力，智能感应的数据可以及时地发送到服务器端，进行存储、归类、分析，成为大数据；有了大量数据的积累，通过人工智能的引擎，对数据进行对比、分析，在大量计算的基础上，形成服务能力，为用户提供有价值的服务。

如果没有5G通信，一切服务都是空谈。传统的通信缺乏移动性，无法进行柔性部署，很难适应不同的场景。2G、3G、4G都是在原来的基础上提升速率，无法提供更加泛在的网络部署，无法支持低时延，让网络更可靠，也无法支持低功耗，让更多的场景可以依托这个网络实现。5G不仅极大地提升了网络的速率，而且第一次把低时延和低功耗引入通信系统中，依托这个系统，智能感应、大数据、人工智能才能实现，大量的信息服务场景才能建立。我们的新基建将不再是我们以前看到的公路的公里数、铁路的公里数、机场的个数，而是同样的数量却拥有完全不同的质量，能极大地提升效率，拥有我们以往无法理解的能力。

我们都知道4G给中国社会治安、电子商务、金融业带来的变革，所以对于5G带来的改变，抱有更大的预期和希望。5G与基础设施建设的结合，一方面让5G有更多的应用场景，另一方面使得基础设施建设的能力也更上一个台阶。

第四章　文化娱乐业的 5G 机会

5G 机会的爆发，会是一个较长的时间过程，不同的业务会有不同的爆发时间，文化娱乐业将会迎来 5G 的最先爆发。

5G 业务的形成是由 5G 网络、5G 终端、5G 业务构建起来的一个完整的体系。即使 5G 网络部署完成，对于很多产业而言，5G 终端还是一个复杂的问题，比如无人驾驶，需要能够支持无人驾驶的汽车，这些汽车从研发、生产到解决安全性问题，再到被全社会接受，将会是一个复杂漫长的过程，一些技术的难度甚至不比 5G 网络建设低。在 5G 时代，文化娱乐很可能是最先爆发的领域，因为文化娱乐领域的大部分业务都建立在智能手机之上，除了 VR 业务，不必再开发新的终端，可以用智能手机来实现新业务，这一点要远比其他行业简单。

此外，大部分文化娱乐业务，其实在 4G 时代就已经具备雏形，有些还发展得不错，对业务形态的完善、业务模式的摸索和试错都已经完成，没能实现更大发展只是因为 4G 网络的支持能力不够。5G 到来后，随着能力的增强，文化娱乐业会在原来的基础上实现更大的突破与爆发。

文化娱乐的内容非常丰富，涉及的领域非常多，在文化娱乐领域的 5G 机会，大部分都与视频相关。

视频社交

社交是互联网产生以来最基础的业务。传统互联网一开始最基础的业务就是新闻组，这是最早的一种信息交流模式，其后出现了聊天室，大量用户在一个聊天室里聊天，进行沟通，形成了一个小社会。这些都是最早的社交产品。

真正意义上的社交产品是伴随着 ICQ 这种个人社交工具的出现而爆发的，这样的个人社交工具具有个人身份，可以添加陌生人，两人之间可以发送文字信息，进行实时的交流与沟通，不再被各种杂芜的信息所干扰，真正建立起双向交流。这是互联网社交的一个创举，从此后的各种社交工具中都能看到这个社交工具的影子。

中国的腾讯公司学了 ICQ 的技术之后，自己开发了 QQ，并日益强大，之后 QQ 渐渐具备了战胜 ICQ 的实力，成为全世界用户量最大的社交工具之一。QQ 的成功，不仅在于技术上的日益完善，让聊天工具更加稳定，降低丢包率，保证及时性，更为重要的是腾讯找到了个性化的模式，并在此基础上形成商业模式，为自己带来收入，从而为 QQ 的进一步发展提供了可能。卖头像、卖皮肤这些今天看起来非常小儿科的应用，却是 QQ 业务发展起来的一个重要原因，因为有了商业模式，就有了收入，业务才有所支撑，才能正常发展下去。

社交工具不仅是一个信息交流的平台，同时也是大量业务传播的渠道。有了强大的社交平台，就可以促进其他业务发展。几乎所有强大的社交平台，最后都成为游戏业务的推广平台。

社交工具的发展经历了几个阶段。第一阶段是以聊天室为代表的群体性交流。当时网络技术处于初级阶段，交流主要采取新闻组、聊天室这种形式，大家聚在一起聊天，内容杂乱，缺少个性化，尤其无法进行一对一的交流。

第二阶段是以文字为主的即时聊天工具。聊天工具的出现，让信息沟通从聊天室的群聊变为两个人之间的相互沟通，大大增强了聊天的私密性。沟通从公共的活动变为两人之间的交流，大大提升了聊天的实用性，让聊天转变为信息沟通。但是这种沟通主要以文字为主，传输信息的形式非常单一。

第三阶段是多元素在聊天工具中的植入。依然是聊天工具，但是聊天不再限于文字，表情、小动画、皮肤等被加入到聊天中来，这些小道具的设计似乎不是什么高技术，也很难说是突破性的能力，但正是这些小道具的出现，给聊天赋予了个性和情感，聊天从事务性的信息传递变为个性化的情感交流。这就是用户不愿意一个月交5元的通信费，但愿意为一个可爱的皮肤交5元费用的原因。

第四阶段是移动性和语音的整合。进入移动互联网时代，智能手机让聊天工具不再依靠电脑这个终端，而是可以在手机上随时进行，并且具有推送能力，让信息交互变为实时社交。用户不仅可以用文字、小道具、表情包，还可以用语音进行沟通，方便地建立聊天群组，这就让原来的聊天变为工作、生活的一部分，人们在任何场景下都可以通过这种实时聊天工具进行沟通交流。今天的聊天远不再是普通人打发时间的工具，而是已成为感情交流与维系、工作、应急处理、生活服务、客户服务的组成部分，甚至具有强大的社会动员能力，可以说已经无所不能。

当实时社交工具拥有了一切能力，可以使用在任何场景时，人们对视频的能力也提出了更高的要求。

社交工具每一阶段有代表性的产品出现后，就会改写行业的格局。仅以中国为例，最早的新闻组之后，我还记得网易的聊天室曾经风生水起，此后就是腾讯把握了社交的大部分机会，从一对一的聊天工具，到加入各种新元素让聊天个性化、情感化，再到移动场景下语音、文字的整合。支付宝曾经也看到了社交的价值，想把社交能力整合到支付中，但是因为在这方面并不擅长，很快就在运营上出现了一些问题，最后基本放弃了这个市场。

未来一段时间里能够改变社交的唯一能力，就是视频社交。

人与人之间进行交流，无非几种形式：语音、文字、图片、影像，媒体形式越丰富，承载的信息越多，带来的信息冲击力也就越强。两个人进行信息沟通，采用文字和语音，效果就会完全不同，文字更理性、更简洁，表达更简单，语音就加入了较多的情感因素，存在大量的非逻辑关系的信息，信息较为杂乱，而视频传递的远不是文字和语音这样简单的信息。两个人进行视频交流，不仅是两个人在这个过程中通过语音传送信息，同时两个人的衣着、面容、表情、体态也会传递更为丰富的信息，甚至周围环境、家庭布置、天气、光线也会传递部分信息，这是一个更加丰富的信息平台，可以传递大量的仅靠语音和文字无法展现的信息。

4G 时代，在微信这种社交产品中就已经植入了视频通话的功能，在一定程度上开始了视频社交的探索，不过因为网络速度的局限，视频通话在服务器端做了大量的限制，视频质量、声音采样品质都不够高。更为重要的一点，这个视频通话功能只是即时的视频通信，它远不是一个基于视频的通信和视频展示平台，也不是一个以视频为中心的视频社交工具。一个真正强大的视频社交工具，应该满足用户对视频社交以下几个方面的要求。

高清的视频交流能力

有视频通信能力，但是效果非常差，画面不稳定，经常出现马赛克，语音的采样品质也较差，经常出现卡顿现象，这样的情况用户肯定不会满意，这样的视频社交工具也不可能为大众所广泛使用。

视频的品质需要达到480P甚至720P的效果，智能手机的摄像头要能支持智能调校和GPU Tubro的能力，能确保有较好的视频和传输效果。声音的品质要高于现在电话的3KHz，至少应该达到22KHz，甚至可以达到44KHz。这样才能给用户提供稳定的影像和声音，让用户在交流时不受影像和声音品质的干扰。如果哪一天用户忘记了影像品质，只专注于交流本身，视频社交才有机会。

要实现这种能力，依靠4G是不行的，4G的网络支撑能力不够，只要人稍多，网络就会拥堵，用户的体验就很差。Wi-Fi也只能在特定的场合使用，而且不是所有场合都有品质较好的Wi-Fi，理论上可以做到，事实上效果不行。今天Wi-Fi在不少场合有，但是它无法成为广泛视频社交的支撑。

视频展示能力

社交远不是两个人相互交流这么简单，展示也是社交的一个重要组成部分。今天我们每个人几乎都有智能手机，生活中遇到了奇闻轶事，去了有意思的地方，到世界各地旅游，自己的爱好、才艺……我们都想记录下来。家长要记录孩子的成长，孩子想记录对世界的认识和看法。生活中还有那么多有趣的场景需要记录。每个人都可能有些有意思的记录，它们需要一个非常友好的展示平台。

今天有很多视频网站，也有一些 UGC 平台，支持视频上传，但无一例外，这些平台不是以用户为中心，也不是以社交为主要模式，它们对视频的态度，只不过是自己视频内容的一个补充，用户很难有这样一种感觉：这个视频是我的，我也能够通过编排、分类和展现，把视频分享给我愿意分享的人，让其成为我鲜明的形象、我的能力、我的风格的一个组成部分。

以往的社交平台，有以文字为中心的，也有以图片展示为着力点的，但是以视频为着力点，将其传送、展示、编排做得很好的，非常少，甚至可以说没有，而这种视频社交平台的机会就要来了。

视频的分享和创收能力

有了直接交流，也有了视频展示平台，但围绕这两个方面的能力建立起视频的分享和交流能力，让视频流动起来，而不是仅仅在某个地方存放着，就需要把视频能力转变为社交能力。这就要依托视频的能力，建立起一个视频传输、交流的平台，让大家在交流沟通的过程中，可以很方便地输送视频，让视频的展示、查询、转发不再是一个复杂的过程，而是可以很简单地实现。

5G的大流量可以让视频具有永远在线的能力，转发也不再是链接，而就是视频本身，这些都会大大提升视频的分享和传播能力。

在视频的分享体系中，还要逐渐建立起视频的创收能力。打赏已经是一个视频传播的基本能力，除了打赏之外，还能不能建立起其他的收入模式，将是一个影响视频社交的重要能力。若视频展示能产生收入，一定会鼓励更多的人做出品质更好的视频。

视频的个性化技术支持

视频社交必须提供个性化的拍摄与制作支持，把拍摄从专业技能变成普通人日常生活的一部分，把视频专业化变为社交化的重要部分。一个视频拍摄后要进行剪辑、美化、配乐甚至配字幕，这些以前要会使用烦琐复杂的专业软件才能做到，如果以后还需要这些，产品就没有办法大众化，也不可能社交化。

在视频社交平台上，对视频的美化有非常重要的作用，美颜这个工具或许有些违反真实性的原则，但它是大众视频必不可少的一部分。给视频中的人物加上猪头表情、头花和搞笑佩饰，这对专业人员来是完全无价值的东西，但是对于社交视频来说，是增加视频感染力、让视频生活化的重要一部分。

比较容易建立起社交群组

应该说，一对一的交流不是社交，只是相互之间的通信，要形成社交必须建立起群组。社交有两种状态，一种是和陌生人交流，类似于聊天室的状态；另一种是和熟悉的人交流。无论哪种交流形式，都可以方便地建立起群组，可以和陌生人交流、分享，也可以建立起熟人群组，或是为了某项工作建立起分享、交流、观看的群组，支持视频展示或在线直播。这种能力是视频社交的重要支持，只有形成特定人群的交流，才能称其为社交。

在 4G 的发展过程中，短视频已经成为 4G 的一个基本能力，它为移动互联网带来了大量的流量，但它并不是一个基于视频的社交工具，因为还是大家在看别人的短视频，自己的社交能力并没有展示出来。随着 5G 的到来，带宽大大提升，流量的价格也会迅速降低，对于大部分人而言，观看视频不再有流量的压力，视频直播体验会大幅提升。智能手机也更加强大，存储空间变得更大，可以存储大量视频，拍摄、查询都变得更加方便。人工智能被广泛应用到手机的摄像功能中去，影像的品质也会大幅提升。

在一切能力都准备好的情况下，借助5G这样一个推手，未来一段时间社交的唯一机会，就是视频社交。这需要有针对性地满足对视频社交的要求，开发出适应视频社交的产品，很快产生影响力。

在全球我们已经知道有YouTube这样强大的视频平台，近年抖音、快手这样的短视频也非常流行。YouTube是一个传统的视频平台，它的社交功能基本上可以认为是没有价值的。抖音、快手有非常浓厚的4G特点，对视频的长度有限制，当然随着5G的到来，会不会取消这个限制，我相信答案是肯定的。最早Twitter用两条短信发送短信息内容，中国的微博限制在140个字以内，随着4G的普及、智能手机的发展，限制最终被取消。未来抖音和快手一定会取消时长的限制，但无论是抖音还是快手，它们的机制还不是一个社交的机制，无法建立起一定群体的分享，分享的能力在很大程度上也不是掌握在用户手中，因此随着5G的到来，一定会有新的视频社交工具出现。

今天我们看到一些非常具有创新能力、在社交上有强大积累的互联网公司，已经开始在进行视频社交的部署。字节跳动公司发布了多闪这样一个视频聊天的工具，对手机里的视频、图片进行分析，提供了各种编辑功能，可进行视频聊天。腾讯也在微信中开始尝试视频号。这些互联网公司的强大在于它们本来就拥有庞大的用户群，可以进行用户移植，迅速带动用户的增长，因此很可能会在视频社交中占据主导地位。

在这些产品的基础上，视频社交会不会还有其他入口甚至其他形式，产品的形态会不会有变化，电信运营商、手机企业能不能抓住机会，还有待观察。无论如何，随着 5G 的到来，社交非常有可能基于视频，这需要更多业内人士来思考视频社交的表现形式、产品特点、收入模式，也需要尽快有产品进入市场，接受用户检验。

在线教育

随着 5G 的到来，我相信在线教育会是迎来爆发的一个最大的机会，大家已经为这个机会做了 20 年的准备，也进行了太多的试错，5G 到来后，在线教育一定会有质的飞跃。

在互联网最初的业务中，提供在线教育就是大家关注的一个点，也有一些公司投身于这个领域，但是很长时间以来，在线教育的发展受到了很多限制，没有像电子商务一样爆发，成为一个重要的产业。虽然教育是一个大市场，普通人非常需要，很多个人和家庭也在教育上做了巨大投资，但是在线教育市场却没有真正发展起来，这个市场甚至远不如游戏市场发达。

在线教育市场发展不好，首先是受制于网络和终端。很长时间以来，不管是固定网络还是移动网络，网速都是一个很大的问题，拨号、ISDN、ADSI这些技术都无法支持较高的速度，保证清晰度较高的视频传输，直到大规模的光纤到户，才保证了网络的基本稳定。从全球来看，能够实现较多用户使用的光纤仍然不够，即使是美国，目前光纤到户率也不过只有25%。网络的速度不够，通过网络开展的在线教育，体验就大受影响，效果非常不好。因为用户不多，收入不高，在线教育公司无法投入更多的资金更新网络，提升自己的网络和应用能力，进一步导致体验变差。

除了网速之外，传统电脑也大大限制了在线教育的发展。台式电脑一般都没有摄像头，没有麦克风，需要专门配置；电脑的学习门槛也挡住了相当多的用户；电脑无法方便地携带。早期的在线教育就是专门的学员，出于特殊的需要而使用的一种学习形式。网校是在线教育最初最有特点的形式，它是人们在特定的时间、使用特定的设备在线上课，整个课程的体验、交互都很复杂。平台端和学员端都需要支付较高的流量费，学习的成本较高。

即使有互联网，网速和终端问题不解决好，在线教育的体验就无法提升，在线教育市场就无法真正发展起来。

4G 的到来，为在线教育的发展提供了契机，在线教育市场开始高速发展，而 5G 的到来会极大促进在线教育的市场发展，在线教育的一切瓶颈都将得到解决。笔者相信，在线教育是最早爆发的 5G 机会，这个市场庞大，并没有真正形成传统的巨头，且这个市场是一个充满活力的市场，这个产业正在喷发的前夜，值得众多创业者关注。

带宽不再是在线教育的最大障碍

在线教育虽然可以使用文字和语音，但是视频的体验最好。互联网从建设开始，很长时间内一直存在带宽的问题，8Mbps 以下的带宽很难支持一路较高清的视频，而我们很长时间以来使用的固网通信，带宽是一大瓶颈，它不能支持高速度的视频传输。4G 到来后，中国开始了光进铜退、光纤到户大规模普及的过程，今天拥有光纤的中国家庭已经达到 91%，可以说中国绝大部分普通家庭都已经拥有了宽带。4G 网络下载速度一般达到了 30Mbps 左右，当然这个速度要稳定地支持高清直播还是有些问题，还会出现卡顿现象，但已经为高清视频能力提供了可能。

5G 基本可以全面解决带宽问题，5G 网络大部分情况下可以达到 500Mbps 的速度，这就为支持 720P 甚至 1 080P 的高清视频提供了可能。一旦视频品质这个瓶颈被打破，在线教育就会迎来较大的机会和可能。

智能手机等设备解决了在线教育的终端问题

在线教育大规模普及的另一个问题是需要合适的终端。PC机除了携带不方便的问题外，高清摄像头、声音采集等大都达不到要求。不知什么原因，一直到今天，一般的PC机这些配置都较低，甚至没有，这就为高品质的交互造成了障碍。

智能手机不仅拥有较大的屏幕，一般都做到了6英寸左右，而且都有800万像素以上的摄像头，有些手机的前置摄像头甚至达到了1 800万像素，还配备了多话筒降噪功能，把十几亿用户的摄像和语音硬件能力提升到专业级水平。这些在以前的PC时代是不可想象的，当时也负担不起这么大的改造成本，从而大大限制了依托音频和视频交流业务的发展。智能手机的出现，让这些问题迎刃而解。今天我们的智能手机在硬件上的能力，已经超过了在线教育进行交互的基本要求。

庞大的教育市场正在释放

中华民族是世界上最热爱教育、追求平等的民族。几千年前，王侯将相宁有种乎的思想就深入人心，中国科举制度建立了社会下层通过努力进入社会上层的机制，就是通过考试，考评人才的思维能力、学习能力。在中国，无论是社会上层还是普通阶层，都形成了对学习的热爱，教师也是一个在社会上普遍受到尊敬的职业。

今天的中国存在从幼儿园到老年大学这样一个庞大的教育市场，幼儿一个班上万元的费用，老年大学很难报上名，而社会中坚力量也需要学习，接受职业培训。今天中国的接二代，就是希望接父母企业班的下一代年轻人，一年在职业培训上的花费可能达到 10 万元。巨大的教育资源缺口为在线教育提供了市场机会。

知识付费理念的建立

互联网发展之初，传统互联网企业提供的服务大多是低品质的，为了吸引更多的用户，普遍采用免费的模式，靠广告获得收入。很长时间以来，一些互联网人抱着刻舟求剑的思维，认为网络只能免费，消费者无法接受知识付费。

移动互联网的发展，已经证明了付费可以成为用户普遍接受的模式，只要你的服务值这个钱，达到了用户愿意付费的品质。在网络速度无法保证的情况下，基于 4G 移动互联网的语音服务已经提供了很好的范例，今天，以喜马拉雅、得到等为代表的音频平台，以凯叔讲故事、洪恩识字、悟空识字等为代表的幼儿教育平台，已经积累起最初主要基于音频的收费模式。事实证明，对于用户而言，只要有价值，对学习知识、了解世界有帮助，付费不是问题。

5G 到来后，在线教育将摆脱网络、终端的限制，拥有庞大的市场，消除付费的心理障碍，唯一要做的就是针对不同的用户群，建立起内容、形式、分发推广体系和有特点的收费系统。这将是巨大的商业机会。

拥有庞大的市场，以前没有全面爆发，这样的领域已经不多了，在线教育正是这样一个面临爆发前夜的大机会。那么，5G 时代的在线教育应该是什么样的呢?

针对不同的人群建立不同的在线教育平台

从牙牙学语的幼儿到退休在家的老人，都有在线教育的要求，当然课程内容、呈现形式、推广模式、收费方式会有所不同。我相信强大的在线教育集团肯定是希望一个平台可以针对不同的用户提供不同的在线教育，但不同的用户群的表现形式、风格特点必须不同；我也相信最初的在线教育都会从某个人群入手，形成特点，目前我们已经看到幼儿教育阶段有成功的案例，针对学生的网校有成功的平台。除了这些对教育需求非常大的人群，针对其他不同人群、不同学习要求的平台还远远不够，提供的内容也还需要逐渐完善。

完善在线教育展现形式

今天的在线教育主要有两种形式，一种是直播形式，另一种是录播形式。不论哪种形式，它都要求网络品质好，视频质量好，需要拍摄的品质、光线、编排、效果、录音、字幕等多种形式的配合才能把内容做得更好。今天在线教育的大部分课程，无论是直播还是录播，在品质上都还有许多需要提升和完善的地方。未来的在线教育会出现大规模的在线教育课程制作基地。直播课程还应该创设专门用于直播课程的装置，在光线、背景、隔音、声音效果上进行支持，保证直播效果和品质。

建立全新的在线交互模式

在线教育学习课程除了在线直播或看视频学习之外，还应该包括强大的预习、直播沟通、作业、在线答疑、考试等系统，甚至辅以线下沟通，把一切辅助的学习形式都完善起来，还可以将社交能力和在线教育进行整合，形成一个强大的体系。这也是未来在线教育一个令人关注的重点，这些能力会大大提升在线教育水平，增强其感染力与吸引力。

建立多种形式的在线教育收费模式

在线教育除了要在表现形式、沟通方式上建立起自己的特点外，还要建立起新的收费模式。目前在线教育采用的收费模式主要有两种，一种是在线教育的直播课程，一学期的课程一次性收费，这个费用一般都较高，相关机构也积极鼓励这种交费方式；另一种是一门课多少钱，只学这一门课的内容。相信在竞争中，针对不同的人群、不同的课程，还会研究出更新的组合收费模式，让收费变得更加方便，更加多样化，比如可以用单门课程，以单个账号或以家庭为单位提供学习包的组合等，建立多种收费模式，适应不同的用户需求。

在线教育是极少数市场非常庞大，业务、终端都已经做好了准备，只要带宽一有较大提升，就可以实现业务喷发的领域。

笔者家两个6岁的小女儿早就已经通过在线教育学习英语，她们的英语老师都是美国人，在线教育平台把美国的家庭妇女变成中国小孩的英语老师。这个平台要考核老师的水平、资质，要提供作业、预习平台，最后还会有水平考试，颁发证书，帮助孩子提高学习能力。这样的一个体系的建立与完善是很复杂的，它大大减轻了孩子与家长的时间压力，上英语课不再需要家长陪同去专门的补习学校，上课的时间也更加有弹性。

2020年暴发的新型冠状病毒肺炎疫情也导致更多人使用在线教育，大家都在探索各种课程，从面向在校学生到职业培训，这大大促进了全社会对在线教育的关注。

5G的大规模普及，会促进在线教育的发展，除了当前的直播课程、网校，在线教育会发展出更加丰富多彩的形式，甚至与娱乐、游戏融合起来，同时人们使用在线教育的时间也变为碎片化的、即兴的。各种有意思的在线教育课程可借助社交形成一个个小的社交群体，关于学习什么知识，学习哪些课程，又会形成一个个小的在线教育团体。有一天学习也会和户外爱好、长跑爱好一样，出现学习爱好者，大家因为共同喜欢的课程，从线上交流到线下沟通，形成松散的社交圈子。

碎片化让学习在任何地方、任何时间都可以进行，一个爱学习的小伙子可以在上班的路上学习在线课程，不仅可以在线学习老师讲解的内容，还可以和同学进行交流，有疑问可以向老师提出并得到解答，每天学完之后，要完成老师布置的作业，经过一段时间的学习后，会有相应的水平考试，以考查和巩固所学的知识。在完成相关课程的学习后，利用休息时间参加线下考试，考核通过后，一样可以拿大学文凭。除了文凭，甚至可以拿到二级厨师证书、精算师证书。

未来的 3 到 5 年，在线教育会迎来大喷发，会产生像滴滴打车、拼多多一样的巨头，在线教育产品也会更加多样化，形式会更加丰富，收费方式也会更多。

游戏与 VR

游戏一直是互联网的重要组成部分，也是互联网最初收入的基础。今天我们用电脑，用智能手机，包括用网络，资源消耗最大、对硬件要求最高的，还是游戏，如果是商务和日常工作，其实并不需要那么大的带宽和那么强大的硬件。

一款高品质的游戏要保证实现很好的效果，除了故事和剧本以及游戏引擎运行的顺畅之外，更重要的是通过声音、图像、影像形成一个立体的媒体冲击力，把用户包裹起来，让用户沉浸在其中，把自己幻化为英雄、战士、美女、智者，去处理各种事务，达到预期的效果。在这个过程中，玩家战胜敌对力量，建立功勋，完成在现实中不可能完成的任务，达到更高的等级。

更强大的硬件、更大的带宽，是游戏永无止境的追求！更大的带宽不仅解决了游戏的体验问题，同时也给游戏带来了商业模式的改变，从单机版游戏到在线游戏，彻底建立起新的游戏商业模式，为游戏产业带来巨大的发展机会。对于游戏来说，5G 会带来全新的体验。

电子游戏经历了这样的发展历程：

(1) **黑白的简单小游戏。**贪吃蛇这种简单的小游戏，曾经也是一时的时尚，手机里能有这样的小游戏，那是旗舰机的标志，代表了手机的智能化方向，它的计算、存储、图像处理达到较高的水平。这种简单的游戏只能重复动作，基本谈不上情节和剧情。

(2) **彩色的简单小游戏。**游戏从黑白的变成彩色的，今天似乎不算什么，但当时可是一个重大突破，它不仅对软件有了更高的要求，同时对硬件提出了挑战，从黑白屏变为彩色屏，需要技术的革命性突破。有了色彩，游戏不再仅仅局限于动作，还需要考虑画面的美感，美工成为游戏设计中重要的工种。翻扑克牌这样的小游戏，有些用户玩了几十年。俄罗斯方块成为最具代表性的经典。今天大量的小游戏都是这些游戏的变种。

（3）**复杂的情节游戏。**角色扮演、对战、竞速、动作、策略类游戏，都是在图像、引擎能力已经较为强大的情况下，游戏玩家把自己幻化为游戏中的某一角色，或战胜敌人，或完成任务，这就需要复杂和丰富的情节，编剧在游戏中变得非常有价值。《仙剑奇侠传》这样经典的作品，除了人物设计、形象制作，故事的凄美达到了极高的境界，一直到今天都很难有游戏能超过它的水平。今天复杂的情节游戏已经发展到非常成熟的程度，也产生了大量的优秀作品，形成了非常多的类别。

（4）**网络游戏。**相较于之前的一切单机版游戏，网络游戏使游戏的交互机制发生了改变，实现了商业模式的变革。以往的游戏是一个人单独玩，这个过程是封闭的，缺少直接的竞争，而网络游戏则将玩家们联系起来，形成一个直接的竞争关系，这大大加强了游戏的对抗性和竞争性，让玩家有了战胜对手的更大动力，这也是游戏中很多玩家愿意买道具和装备的原因。封闭的游戏没有竞争，玩时就有快感，而在网络游戏中，玩输了不仅没有快感，还会更加沮丧，于是需要通过买道具、买装备让自己更强大。在这个基础上，电子游戏逐渐分化出电竞这样一个产业，电子游戏也逐渐成为体育竞赛。

电子游戏经过长期发展，下一个突破口在哪里？VR（虚拟现实）可能是一个实现新突破的机会。

VR 是通过计算机及传感器技术创造的一种新的人机交互形式。它是利用电脑模拟产生一个三维空间的虚拟世界，给使用者提供关于视觉、听觉、触觉等感官的模拟，让使用者如同身临其境，可以及时、没有限制地观察三维空间内的事物。通过 VR 眼镜在隔绝了真实的外界环境后，用模拟的视觉影像，提供给用户一个虚拟的影像，给用户一种全新的沉浸式的体验，用户可以看到另一个和平时感受一样的虚拟环境。

目前主要的 VR 形式还是体现在视觉上。虽然也有关于触觉的研发，但是因为过于复杂，真正的产品很少。而听觉产品，我们认为高保真的音乐就是一种声音的虚拟现实，这早就已经有了，而且在社会上也广为普及。

视觉的虚拟现实需要用专业的眼镜来实现，通过专业的眼镜让用户处于一个绝对封闭的环境中，隔绝了外界所有的视觉信号，再通过两路视频信号向用户传送两路不同的信号，再配合传感器，模拟人的视角变化，向用户传送不同的影像。这个过程，用户看到的影像就感觉不再是固定的同一视角的影像，而是随着视角的移动，看到不同角度的影像，这和我们日常的视觉体验是一致的。

这种体验和感觉，大大突破了我们日常固定视角的限制，极大程度地模拟了人类的真实感觉，提供给我们的信息量也更多、更加复杂、更符合人类的真实体验。VR 作为视觉展现的新形式，产业对其寄予了巨大的期待。人类视觉影像展现，从不能进行远程影像传递到可以实现，再从黑白影像传递转为彩色影像传递，VR 是从固定视角的影像传递转变为动态视角的影像传递。

最早的虚拟现实被用于飞行员的训练。飞行员要经过一个非常复杂的训练过程，如果直接驾驶飞机上天训练，需要很高的成本，也面临较大的安全性问题，使用模拟器可以解决这些问题。对于飞行员而言，他看到的必须是真实的动态场景，这样才能配合这种动态场景做出反应。用固定视角的影像，让飞行员有真实的感觉，可以达到飞行训练的效果。但动态视角的虚拟现实会在更多场景下有机会，因为这种场景是更加真实的人类视觉体验。

一切远程影像再现，我们都希望是更真实的虚拟现实，是变化的视角，因此虚拟现实的应用会非常广泛。

虚拟现实从最初提出设想到现在已经经历了近 40 年的时间，但是总体而言发展得并不是非常顺利，至今没有形成一款大众广泛接受的产品，整个产业的总产值也非常小。其中的一个重要原因是，相当多的用户在体验 VR 眼镜时，体验非常不好，有一部分用户会产生眩晕感。这个道理非常清楚，人类是感觉统合的动物，通过视觉、听觉、触觉形成统一的信息收集、管理、反馈系统，现在视觉得到的信号是一个虚拟的信号，不是自己所处的真实环境，而听觉、触觉信号却是真实的信号，一定会造成错误的信息反馈，产生冲突。这需要通过训练才能解决，但有些用户甚至永远无法通过训练解决。

另一个不好的体验就是为用户提供的视觉信号品质很低，无法让用户形成较为真实的虚拟。一方面是屏幕的品质，很长一段时间没有2K屏，低分辨率的屏幕远距离短时间使用不会有较明显的感觉，但是在离眼球只有5厘米的地方长时间观看，如果没有较高的分辨率，就很难忍受。另一方面是带宽的问题，没有较大的带宽支持，用户必须通过连线或Wi-Fi来支持，一是非常不方便，二是Wi-Fi无法很好地解决时延问题，造成感觉和影像的不同步。有时为了适应带宽，影像的分辨率做得较低。这些问题纠合在一起，就是我们必须戴一副很重的眼镜，看着分辨率较低的影像，忍受着感觉和影像同步的速度不够，这当然无法给用户一个很好的体验。

5G的出现是改变VR产业的重要机会。

5G可以提供500Mbps以上的现网传输速度，在这个网络中，用户能稳定获得较高的网络传输速度，传输的视频分辨率较高，稳定性较好，用户才能获得较好的视觉效果。这将大大提升用户的体验和感受，为 VR 带来机会。

5G 的低时延，可以较好地支持感觉和影像的统一。头已经转动，影像却没有跟着转，人当然就会晕了。要做到影像和传感的同步，必须缩短时延，这靠 Wi－Fi 很难做到，接有线又需要在眼镜上拉线，体验很差。这就必须要用 5G 的技术来实现，把感应和影像同步缩小到 5 毫秒以内。

高速度的网络，也为高分辨率的屏幕支撑提供了可能。以往因为网络速度不够，采用连线方式的 VR 眼镜必须用线缆和电脑相连，使用起来非常不方便。而为了顾及 Wi－Fi 的速度，屏幕无法做成更高的分辨率，模糊的影像造成了用户的不适应。5G 的速度可支持 VR 眼镜使用手机屏幕达到 2K 以上的分辨率，甚至还能支持更高的分辨率。专用眼镜甚至可以达到每只眼睛都支持 2K 的分辨率，这就让视觉体验得到了较好的保证。

5G 的出现，也让 VR 眼镜剪掉线缆成为可能。采用固定连线的 VR 眼镜，虽然有较好的效果，但它绝对只能是专业人士或少数发烧友的爱物，不可能走进大众市场，支持更多场景下的广泛使用。没有了固定的线缆，还能支持任何场景下的高速度连接，这为 VR 带来了更多的想象力。

5G 将为 VR 提供一个大机会。在 4G 网络下，VR 基本上没有办法使用，如果用 Wi－Fi，则需要复杂的配置，效果并不好，大量的用户被挡在门外。在 5G 网络下，这些问题都将迎刃而解。VR是非常炫、效果非常好的一个应用，因此在电信运营商的5G展示和业务中，每个展台都会有VR眼镜，有VR的演示。

在5G时代，VR会应用在哪些领域，形成爆发的机会？VR确实有广泛的应用空间，可以用在军事、教育培训、旅游、娱乐各个领域。笔者相信，最广泛的应用和机会还主要在游戏领域。一段时间内，最可能的VR应用会出现在游戏产业。

VR要建立起真正的服务，必须要避免把精力花在伪需求上。如某个应用是在一场大型音乐会上，戴着VR眼镜去看演奏，这不但可以获得真实的现场场景体验，甚至还可以选取某一个演奏者，仔细观察他的手法。不能说肯定没有人有这种需求，但这需要在现场部署多部摄像机，从多个角度选取不同的场景进行多路信号传输，最后只满足一两个用户的需求，这种应用推广的可能性很小，不可能有商业价值。

对于游戏而言，VR应该是一个革命性的力量。通过VR眼镜，体验会更加真实、富有变化，突破固定视角的限制，用动态视觉来表现游戏，大大提升游戏的效果，让游戏的体验更加真实、炫酷、具有冲击力，形成的沉浸感也会更强烈。这一切都是游戏需要的。

VR游戏将会出现两个方向，一种是专业的游戏，以游乐场、游戏厅为代表，这里有专业的游戏场景、专业的游戏设备、最高的品质与效果，商业模式就是最简单的付费玩游戏。无论是商业模式、产品还是硬件支持，都没有很大的问题，5G 的意义是柔性部署，不需要复杂的网线、Wi－Fi 部署，只要有设备就可以联网，建立起小型游乐场。

另一种是家庭使用，购买游戏设备，直接插入手机支持 VR 效果，眼镜价格较低，用户接受度高，但是效果略差。一体机价格高，但是效果好，体验更好。家中一般都有 Wi－Fi 网络，但要享受到更好的 VR 体验，还是 5G 网络在稳定性、时延方面有更好的表现。5G 的大面积部署，会大大推进 VR 在普通家庭中的普及，使其成为生活的一部分。

需要指出的是，VR 需要依靠专门的设备，对用户体验的提升主要表现为更好的视觉效果，在商业模式、业务模式、新业务上并没有实质性的改变，因此 VR 很难和智能手机一样，在普通用户中广泛普及，做到人手一台，即便是每个家庭一台也很难做到。VR 会和 PSP 这类家庭游戏机一样，受到部分对新产品有兴趣的用户的喜爱，但很难在整个社会所有普通家庭中普及。

除了游戏市场之外，VR 要成为一款真正有用的广泛应用是一个很复杂的问题，现在可以看到有相当多的应用，还停留在概念阶段，真正实现起来存在较大问题。如 VR 旅游，在旅游景点有一个播放点，让游客体验一会，把一些需要集中介绍的点提取出来进行介绍，这是有价值的，但市场还是较小，用户不可能用 VR 来代替旅游，旅游就是要真正地去看，深入其中，才有价值。而 VR 看房之类的应用，一方面制作成本很高，另一方面得到的信息并不完备，要代替实地去现场看，可能性还是非常小。

智慧体育

体育是一个社会的重要组成部分，它是加强锻炼、提高体质、提升民族凝聚力、展现民族精神的一个重要手段，也是生活质量提升的一个重要表现。中国约有 6 亿人经常参加体育运动，在体育运动中形成了专业和业务不同的体系，对社会经济、文化产生了巨大影响，也对社会健康水平有非常直接的影响。

将智能化的能力和体育结合起来形成智慧体育，通过智能化的能力帮助体育科研、训练的水平得到提升，同时也帮助体育比赛的管理效率变得更高，提升体育传播的品质和水平。这一切的智能化能力都需要 5G 来支持，通过 5G 的能力让体育变得更加有智慧，更加有活力。

体育传播中的 5G 应用

体育传播是一个巨大的产业，也蕴含着巨大的经济机会。

每年大量的体育赛事，吸引了众多的观众，同时也是经济巨头提升影响力的一个重要机会。新的通信技术与传播设备也永远是体育传播的重要伙伴，广播、电视、互联网从来就没有缺席过体育传播。

世界杯、奥运会不仅是体育赛事，还是人类重要的文化活动，传播是它的重要组成部分，也是每一次信息通信技术发展的试验场，3G、4G 最先的大规模商业部署都是在奥运会上，5G 的最先部署也是在韩国平昌冬季奥运会上，日本东京奥运会也将会是 5G 大放异彩之地。

对于专业的赛事传播而言，高品质的画面与声音、实时的信息传播是专业的保证，很长时间以来传播业一直在为之奋斗，从广播的现场转播、黑白电视的现场转播、彩色电视的现场转播，到高清彩色电视的现场转播，无疑下一步的基本需求是 4K 甚至是 8K 品质的现场转播。这一切要依靠广播网、电视网来支撑。为了达到更好的网络品质，广电业曾经把铜缆做得和小孩子胳膊一样粗，光纤的出现改变了这一切，但是光纤在体育馆或者野外（跑马拉松、滑雪场）部署存在较大的困难，很难做到随时随地、随心所欲的柔性部署。无线是高品质的部署和传输，也是广电业梦寐以求的技术。

说到 5G，我们看到最先加入应用行列的就是广电业，做 8K 直播的平台，让播出品质更高，这是永远的追求。

除了播出品质，广电业还有一个需要解决好的问题，那就是信息的采集。传统的模式是专业的摄像人员扛着摄像机，在赛场边架上若干个机位，所以我们经常看到赛场边上的长枪短炮。但是对于要求越来越高的观众来说，这显然是不够的，视角太单一，画面太简单，观众需要不同的角度、更多的视角、更多的信息来源。增加更多的摄像，不仅涉及成本问题，而且还有一些场地不可能让人进去。

比如奥运会开幕式整合会场的全景画面，即使派人上去也需要拉线，以前就不可能有这样的画面呈现，后来为实现这种画面，用直升机飞到场馆上空，再把信号传送到卫星上，再从卫星上接收下来，不仅成本高，而且品质保证不了。5G 的出现，使这些问题迎刃而解。一架无人机可以很容易地在场馆上空巡航，随时随地向播控中心发送信号，当然这些信号也可以用 4G 传送，但 4G 的传送速度只能达到 6～8Mbps，而体育场人员大量聚集，很可能这个速度也保证不了。5G 不仅可以做到现网 500Mbps 以上的传输速度，还可以通过网络切片，保证电视直播的效果。

5G 会让专业的电视和互联网直播如虎添翼，对这些我不想展开太多，一般人都能理解它的价值。其实 5G 不仅对专业传输有价值，也会让大众化的传播变得更加五彩缤纷。

在今天的体育赛场上，每一名观众都会有一部功能强大的智能手机，众多的自媒体人、播客都已经成为传播体系的一个组成部分，甚至一个最普通的观众也会是自己亲朋好友、朋友圈赛事情况的重要传播者。以前这种传播完全被抑制了，在一个万人体育场，大家不但发不了视频，发照片、打电话都很难实现，尽管电信运营商会开来应急通信车，但也只是稍有改善。各种优化的场景都很难把这个问题解决好，道理很简单，资源是有限的，无论是 Wi－Fi 还是 4G，都无法很好地解决这个问题。

5G 的网络容量差不多比 4G 提升了 20 倍，如果再做更多的纵深覆盖，这个能力会更强。能力的提升为众多的自媒体和普通观众进行文字、图片、视频传播提供了机会和可能，让体育传播从专业人员一下子扩展到所有的观众、所有的参与者，从而会让体育传播的能力大大提升，效果出现全新的革命性的改变。

想一想，我们以前看马拉松比赛，只能通过有限的几个电视台的机位，看看领先的运动员跑到什么地方了，但在 5G 时代，参赛的运动员可以用随身配备的摄像头，全程记录他跑步过程中所看到的沿途一切，这就将整个视角做了调换，会让传播呈现出新的风格。而这一切的探索成本是很低的，非常容易做到。

5G 网络大规模部署后，体育传播会变得更加有想象力，更加好玩，甚至传播的平台也会从专业的电视平台转换为电视和互联网相互补充，网络平台会有更多的视角、更好的形式，有一天甚至会把以电视为核心的体育传播的商业模式给颠覆了。

体育管理中的5G应用

体育是一个庞大的系统，一场大型的体育比赛需要强大的社会动员能力，涉及社会治安、交通管理等，因体育比赛中管理不当而造成大规模伤亡的事例并不鲜见。

1964年5月24日，在秘鲁利马体育场举办的一场足球比赛中，因观众对裁判的判罚不满，双方观众进行对骂直至引发冲突，最后造成318人死亡，500多人受伤。如果当时采用更先进的手段，通过智能化对比赛进行管理，或许能避免悲剧的发生。

对体育比赛进行有效的管理，必须有信息监控、人员配置、场馆设计等多个方面的支持，通过5G将智能化的能力整合起来。

以利马冲突造成大规模伤亡为例，如果在比赛开始前的售票过程中，在了解球迷基本信息的情况下，对不同的支持者进行自动分区，把阿根廷队和秘鲁队的球迷安置在不同的分区中，而不是混在一起，就能大大隔绝冲突。裁判的判罚如果有电子记录，实时传送到大屏幕上回放，也会大大减少因裁判判罚引起的不满，及时化解矛盾。在观众区设立现场摄像头，可以把观众的镜头传送到电视直播中，取得较好的效果。而通过这些镜头监控到冲突的发生，可以第一时间反馈给管理机构，及时派保安将冲突的双方隔开，甚至在冲突加剧时直接升起隔开冲突双方的栅栏，将冲突双方阻隔开。

这场比赛引发冲突的导火线是观众对裁判的判罚不满，对人眼来说，要把一切都精确地采集、记录下来显然是不可能的，看到的情况因不同的角度、不同的光线就可能会有所不同，关键的比赛，关键的判罚，观众有不满是自然的。要解决好这个问题，就需要多视角、最精准的记录，这靠人肯定是不行的，只能靠智能化系统。把一个单机版的摄像头拍摄的情况用于一场比赛的判罚，也绝对不可以，因为不可能所有人都来等着把图像拷出来，再回放给大家看。5G 网络的高速度和低时延，可以支持多路高清视频，及时地从多角度把比赛情形马上上传到球场中的大屏幕上，让大家在第一时间看到一分钟前的比赛情况，从而做出更加准确的判断。

除了通过摄像头，还可以在球中和球员的运动服中置入感应器，判断这个球有没有过线，球被踢进球门时球员是不是越位了。这样的感应系统可以建立起球与人的轨迹，清楚分析出当时是不是有人犯规了，是不是已经进球了。这些都有最精确的记录，会大大降低判罚的争议。

5G在网络广泛覆盖的情况下，可以通过高速度的通信，让管理能力提升、成本降低，很多曾经想做的事情可以高效实现。

一场体育比赛，赛场周围人流变化情况，交通管制，人流引导，都需要大量的信息管理，专门建立这样一个信息系统，成本很高。有了5G网络，就可在这个基础上建立感应、信息采集、信息传输、信息存储和信息分析系统，及时发现问题，采取最有效的资源配置，及时发现人员聚集、冲突等相关问题，及时做出反应。

有了3G和4G网络，人类的体育管理水平已经有了较大的提高，而5G的高速度、低时延、大容量可以让体育管理拥有更多的通信资源，做到更加及时可靠。

奥运会、世界杯需要大量的通信资源，最先采用4G、5G网络在很大程度上也是因为现实的需要，用于应急通信、内部沟通，将体育行为、体育比赛更好地管理起来，做到安全、高效。

5G在训练和科研中的应用

现代体育一直和科技发展紧密联系在一起，科研永远是体育的一个组成部分。要做好科研，信息采集是第一步，大量采集信息、建立起信息库。

马拉松比赛中，每个运动员全程跑下来，在什么位置速度是多少，不同的位置运动员的心率、血压、血糖、心电情况，应该在什么位置加速，如何达到最好的速度配比，这些都需要大量的监测和数据分析。仅用一个手环来记录身体指标数据是远远不够的，还需要把这些身体指标数据和时间、位置、环境数据整合起来，形成一个系统，在这个系统中对运动员进行个体分析。在几十公里的路途中，要实现每一次都对这些信息进行及时收集、监测，为运动员专门建设一个网络，是非常不现实的，需要公共移动通信网络的支持。5G 拥有强大的网络能力，为这些信息的采集提供了可能。

一个跳高运动员，他起跳的时间、角度、位置、速度在很大程度上都会影响他的成绩。以往这一切都是靠运动员自己去领悟，而智能化的能力可以对每一次起跳都进行记录，进行分析，通过分析对比加以校正，最后达到最佳效果。

所有这些研究，都需要物联网建立一个感应系统，通过这个系统采集多维度的数据，对这些数据进行分析。5G 的价值是在任何地方，无论是专业的训练场，还是野外，都有网络存在，可以将这些数据方便地发送到云端，成为整个研究系统的一部分。

大量的体育器械被置入感应器，帮助运动员了解情况，进行调整，也是一个普遍的诉求。一个高尔夫球员，他每次的击球点、击球角度、击球速度，在不同场地、不同坡度击球的情况，这些靠球员自己是很难校正的，需要在高尔夫球中安装感应设备，对相关数据进行记录与分析，寻找最佳线路与击球点，不断进行训练，最终达到最佳状态。这样的系统要进行方便的部署，也应该得到 5G 网络的支持，才能达到更好的信息采集与分析效果，甚至还在器械中通过激光来提示线路，提示击球点，帮助运动员进行训练。

体育从传播到管理、科研、训练，都需要强大的通信系统来支持，5G 方便的部署、强大的能力、低廉的成本是极大提升体育影响力的重要支撑。应该说，体育领域对 5G 从来都是最积极的，如果你最先行动，深入进去，做更加具体的研究，会发现在智慧体育中存在着巨大的 5G 机会。

第五章　生活健康领域的 5G 机会

5G 机会最先在文化娱乐业爆发，因为大部分文化娱乐的雏形在 4G 时代，甚至是 3G 时代就已经出现了，终端、业务都做了较好的准备，随着 5G 的到来，只需要在业务模式和商业模式上做更多的探索，让这些业务更适应 5G 的网络特点，更充分地利用 5G 能力，就会形成爆发力量。

但 5G 机会却不仅仅出现在文化娱乐业，5G 还能改变我们的生活，让生活品质变得更高。在生活健康领域，5G 会补齐曾经的短板，让一些不可能的业务变为可能。5G 和生活健康领域的结合，会创造出更大的机会，一些领域甚至可以影响整个社会经济，带来全社会效率的提升和社会能力、社会结构的改变。

5G 能力远远超过传统互联网的信息传输，也会超过移动互联网对生活服务的改变。这些改变的力量是无穷的，甚至会从根本上改变人类文明。

智能家居

智能家居的概念已经提出20年了。在很长一段时间里，我们对智能家居的理解是远程控制家居，家中的灯光、音乐用一个App远程去控制，但大部分的应用都是伪应用，因此智能家居的发展速度较慢。经过这20年的摸索，智能家居产业对产品和业务做过最多的试错，知道其中存在的各种问题，5G的到来，改变的不仅是网络速度、时延、功耗，还有整个智能家居的理念和体系，以及平台建设能力。

消费者日常生活中有许多需求需要解决，最基本的需求还是安全、舒适、方便、节能，智能家居就是针对这些需求，为用户建立一种更加安全、舒适、方便、节能的生活方式。在智能家居的发展中，5G扮演着十分重要的角色，它是智能家居能不能发展的重要基础。

此前很长一段时间，产业界希望路由器能成为家庭智慧网关，来对智能家居进行管理和控制，既然Wi-Fi提供的带宽是免费的，路由器大部分家庭也都需要，为什么这个模式发展得并不顺利呢？这其中的一个重要原因，就是Wi-Fi不是一个高稳定性的接入系统，需要很高的学习成本才能解决好使用问题。

Wi-Fi的部署对于大部分家庭来说是一项复杂的工作，需要专业人士指导，网络的稳定性较差，更难以支持移动性。采用Wi-Fi接入网络是一个较为复杂的过程，接入办法非常麻烦，甚至有时专业人士也很难搞定。这大大限制了用户对基于Wi-Fi的各种智能家居产品的接受程度，很多没有相关知识的家庭被挡在门外，甚至一些产品已经购买了，但是从来没有被接入网络中，变成真正的智能化产品。

5G不仅有高速度的网络，同时也有NB-IoT和eMTC这样的技术，支持更低的功耗，更多的用户接入。用户不需要关注自己家中路由器的部署，也不需要进行配置就能接入网络，这大大降低了智能家居的门槛，让智能家居可以轻松地进入人们的日常生活。

随着5G的到来，家电业、互联网企业、电信运营商、手机企业都在进行智能家居的布局，希望建立起智能家居的管控中心，在这里聚集越来越多的智能家居产品，通过通信能力把它们整合起来，做到功能打通，实现真正的智能化。

华为的智慧生活平台就是一个非常有代表性的智能家居平台，采取1+8+N终端战略。华为以手机为1，这是一切信息的核心，是华为终端的核心能力；在这个能力基础上的8是指平板、TV、音响、眼镜、手表、车机、耳机、PC；而N包括智能家居、家庭办公、运动健康、影音娱乐等多种产品，通过

HiLink协议，把这些产品整合起来。在不同的设备中，各种功能都可以打通，一台720空气净化器本身并不带有语音控制功能，但是通过华为的智能音箱、智慧屏都可以进行管理和控制。

5G到来后，随着NB-IoT和eMTC的广泛部署，会逐渐形成几个强大的智能家居平台，这些平台整合的不是一种或几种智能家居产品，而是数百种甚至上千种产品，这些产品可以互通，功能也相互支持，形成一个强大的智能体系。在安全、舒适、方便、节能的思路下，会有很多新的产品，极大地延展我们对生活智能化的理解。

安全

安全是我们生活的基本要求，也是智能家居最先考虑的因素，存在大量的商业机会。除了最基本的摄像头和报警系统，已经非常热的电子门锁之外，安全类的产品还会出现在一氧化碳感应与报警等安全警示领域。

除了日常的防火、防盗这类常见的安全类产品，针对生活中不断出现的新问题，也会有更多的新产品出现。

很长时间我们一直认为空气净化器不是安全类产品，因为它最初最直接的产品痛点就是防雾霾。随着雾霾的治理，空气净化器似乎已经不太需要了，这个市场在逐渐萎缩。

满足安全的需要在不断地给智能家居提出新问题，解决好这些问题就是新的 5G 机会。

2020 年的新型冠状病毒肺炎疫情影响了全社会，大家都在寻找各种办法来解决问题。以前空气净化器从设计到消费者的购买诉求点都是防雾霾，现在则提出空气净化器能不能起到杀菌和杀灭病毒的作用。如果空气净化器能杀灭大部分病菌和病毒，对于减少病毒感染、保证家人健康会有很好的作用。

今天的一些空气净化器，已经考虑了杀菌功能，提供了深紫外的杀菌功能，在空气被吸进净化器时，除了进行过滤，还对经过过滤的空气进行紫外线照射，起到杀菌的作用。深紫外对病菌有一定的杀灭作用，那么对于病毒，空气净化器能不能也起到杀灭的作用？现在的空气净化器滤网孔径大部分是 0.5um，而病毒很多在 100nm 左右，理论上滤网并不能完全挡住病毒，但如果通过多层滤网，就能对病毒起到阻挡和吸附的效果，减少空气中的病毒数量。

除此之外，能不能通过负离子发生器，产生更多的负离子来吸附病毒，甚至让空气通过高电压环境来杀灭病菌和病毒？如果空气净化器有杀灭大部分病菌和病毒的功能（当然这需要专业机构的检测），就一定会受到消费者的欢迎。空气净化器就会从雾霾较为严重的地区扩展为大部分家庭的标配，带来更多的市场机会。

空气净化器又能和扫地机器人、家庭环境监测仪聚合起来，组成一个安全系统，极大扩展我们对这款产品的理解，找到更大的市场和突破机会。

舒适

舒适是我们对家庭的基本要求，也是智能家居的重要诉求点。所谓舒适，就是室内要有合适的温度、湿度，合适的光线，达到人和家庭环境的和谐。

舒适最重要的是要经常性地保证室内温度、湿度和光线都处于人体最适宜的状态，要达到这个效果，就不能由人来操作干预，而应该通过感应器进行监测，把监测到的数据传到云端，通过云端的分析管理，启动相应的设备进行干预。

例如，要保证家中的湿度最适宜，就需要环境监测仪及时地监测家中的湿度，若发现湿度较低，就自动启动加湿功能，进行加湿；若发现湿度过高，就自动启动除湿功能，清除家中过多的水分，让家中的湿度永远保持在一个舒适的水平。

抽油烟机是家庭中最为普及的家电之一，但是它的工作不是智能化的，抽油烟机什么时候启动，开多大档位，都要由人来决定，也就是得由人通过自己的感觉器官感知外界的环境，做出判断。智能家居可以通过感应设备了解厨房的油烟情况，决定是否开机，开多大档位，何时关机。隔壁邻居炒辣椒，会把辣味排到烟道中，也会让你家中闻到辣味，对于这些现在你基本没有太多的办法。而智能抽油烟机在感应到别人家产生的油烟快要进入你家厨房后，会以一个很低的速度自动启动，只要形成一定的压力，就能让别人家产生的油烟进不来，让你的家更加舒适。

方便

电子门锁是方便的典型代表。可能很多人会认为安装电子门锁是为了安全，其实电子门锁并不比一般门锁更安全，但是它却更加方便。以往我们开门锁必须用钥匙，很容易因钥匙丢失，或是临时回家没有钥匙，而进不了家门。电子门锁的好处是它可以通过多种能力生成钥匙，指纹、远程密码、虹膜等都可以成为密码，用于开门。

电子门锁采用了多种感应能力进行识别，用户可以不用再带钥匙就能开锁，免除了钥匙丢失造成的麻烦，十分方便，同时还可以进行远程操控，比如快递已经送到家门口，可以通过远程控制打开家中门锁，配合摄像头的监控，让快递员把快递放到家里。

节能

通过智能化，智能家居还可以节省能源。智能家居可实现智能控制，需要工作时才工作，不需要工作时就关闭或待机，以减少能源消耗。

中国北方最典型的一个情况，就是所有的家庭里都有暖气，大部分暖气还是集中供暖，用户只要交了供暖费，就能整个冬天都使用暖气，而且是一天 24 小时使用。一些家庭甚至因为暖气过热，不得不开窗降温。这不仅浪费了能源，也影响了用户的体验。

智能化是把一切智能感应的能力整合起来，在室内通过环境智能监测，实时监测室内的温度、湿度情况，通过电子门锁和红外感应器，了解室内人员活动情况，同时把这些数据传输到云端，和家庭智能管理平台对接。当发现家中所有的人都已经离开，云端的智能管理系统则远程操控电子阀门，关闭家中的暖气，减少能源消耗。当室内温度降至 15 摄氏度左右时，就打开电子阀门防止室内温度过低。在大家下班回家前，智能家居系统会打开暖气，让室内温度恢复到 22 摄氏度左右，保证有一个暖和的温度。这样的系统还可以根据情况进行室内温度控制，当室内温度超过主人设定的正常温度时，电子阀门自动关闭暖气，防止室内温度过高。

这样的一个系统，在大家上班时，既可以减少暖气的能源消耗，又可以保证平时室内温度的恒定。据测算，如果热力系统都采用这样一个系统，我们每个供暖季会减少 20%左右的能源消耗，这对于降低雾霾、减少空气污染都会有较大帮助。

2025 年，中国的移动通信接入将达到 100 亿左右，这其中会有 30 亿～40 亿是智能家居的接入。我们家中的一切家具都可能被改造为智能家居产品，电动门窗、电子门锁、环境监测仪、人员活动感应器、智能灯光、智能空气净化器、智能空调、智能冰箱、智能暖气系统、扫地机器人等各种家庭设备通过智能感应、NB－IoT、eMTC、智能云服务、智能管理控制系统都智能化起来，甚至在不久的将来，我们家中宠物的喂食、清洁都会智能化起来。

5G 的到来，尤其是低功耗的 NB－IoT 和 eMTC 技术的广泛使用，会大大促进智能家居的发展，而各大巨头的加入和推进，也会极大地促进智能家居的发展。未来 10 年，这个产业会拥有和手机一样大的市场，产品变得更丰富、更富有特点，存在很大的发展空间和产业机会。

远程医疗

2020 年的新型冠状病毒肺炎疫情对社会经济造成了巨大冲击，产生了巨大社会影响，同时也给远程医疗提出了很多问题。笔者相信，这次影响巨大的社会事件是远程医疗推进的一个重要节点。

从这次疫情我们可以看出，今天我们的医疗系统有许多需要逐渐解决的问题，智能化为解决这些问题提供了方向。

疫情的科学分析系统

暴发于武汉的新型冠状病毒肺炎疫情经历了一个较长的酝酿发展过程，甚至已经有医生在微信群中预警了，但是官方的预警系统前期没有起到作用，没有及时预判、发布信息，对相关地区进行治理，最后导致疫情扩散，社会付出了巨大的代价。

确实，作为一种新型病毒，要对它进行认定，了解它的传染性，做出非常适当的反应是一个复杂的问题，但是如果建立了一个较为强大的实时信息管理系统，一些基本的信息甚至都不需要填表上报，就可以将检验结果直接上传、汇总，形成信息库，最后通过人工智能进行数据分析，得出初步意见，并将这些意见提供给专家进行参考，这对于尽快分析研判疫情、得出正确意见有非常大的帮助。

在这次疫情中，专家组也有一些专家获得的信息是不完全的，甚至对病毒是否人传人、眼睛是否也是传播体、是否会通过气溶胶传播等问题，不同的专家意见不同、说法不一，这种信息不完全、判断不准确在很大程度上贻误了战机。我们虽然建立了疫情直报系统，但这个系统在应对新型冠状病毒肺炎疫情时，显然没有起到很好的作用。这个系统必须是高效、精准、智能的，不能是报而无用，只是数据传输，同时也要预警、反馈、分析信息，最及时地提供参考意见。

家庭健康分诊系统

疫情暴发后，最容易出现交叉感染，而感染最多的地方是医院。大量的确诊病人集中在医院，很多看其他病的人，免疫力本来就低，到医院和带有病毒的病人接触，则很容易被感染。

如今的医院里经常人满为患，大家有点头疼脑热的都喜欢往医院，尤其是大医院跑，其实大部分人患的病是常见病，医生根据病人的基本信息就可以开药。这样的病人去医院，一方面浪费自己的时间，占用更多的交通资源；另一方面，很多这样的病人聚集在医院里，容易造成更多的交叉感染，对于防止疫情扩散不利。

今天的人，无论大病小病，都集中到医院，甚至是大医院这样的情况，可以借助 5G 的远程家庭分诊系统来解决。

这个家庭分诊系统安装在用户家中，由数个智能硬件组成，集成一个家庭健康角，其上有一个支架，只要用户把自己的智能手机插入这个支架，就可以通过 5G 网络建立起和家庭医生的联系。5G 的高清视频不仅能让用户和医生的交流更加顺畅，医生可以更好地了解病人的情况，而且还可以增强病人对医生的信任感，更好地进行交流。

这个支架除了支持高清视频功能，还集成了体温和血压检测仪器，把胳膊伸进一个圆筒中，一按检测按钮，就可以自动加压，开始量血压，并通过激光温度仪直接检测体温。抽出支架上的电极，按照医生的指导就可以做心电图检查。如果还需要检测血糖，只要把经过消毒的手指放进支架上的一个小盒子里，就会自动完成扎针、挤压、采血，获得你的血糖数据。当你在卫生间小便时，智能马桶也会伸出一根探针来接取尿样，然后用光谱分析法对你的尿样进行分析，完成 13 个指标的尿常规检查。这些检查完成之后，所有的数据都会直接显示在远程家庭医生的电脑屏幕上，家庭医生看了你的体温、血压、血糖、心电图、尿常规数据后，再通过和你的交流沟通，就可以对你的病情有个基本判断。一般的小病，比如感冒、血压略高之类，就可以直接开药，线上支付之后，药就会快递到家中，病人只要按照医嘱吃药就可以了。

如果家庭医生通过这些数据发现还需要进一步检查，而有些检查是家庭健康角做不到的，就可以开个转诊证明，和更先进的专业医院进行沟通，为病人预约时间，病人到时再到医院去看病。

这种家庭健康分诊系统通过远程和家庭医生的信息沟通，可以把一些并不复杂的小病，在自己家中解决，减少了交叉感染，减少了交通、时间成本，也大大减轻了专业医院的负担，一般的病人不再需要挤到甲等医院去，把专业的医疗资源留给更需要的人。

家庭健康角这些检测设备，技术上已经不是问题，但病人和医生进行交流时，4G 的视频质量、稳定性效果都较差，而 5G 既可以满足视频品质的需要，又可以让广大用户不需要专门再做网络建构，直接接电就可以使用。如果有这样的系统，交叉感染一定能大大降低。

远程专家会诊系统

疫情需要把全国的医疗资源动员起来，组成一个防疫体系。对于重症病人，由各种专家组成专家组进行治疗，但并不是所有的专家都可以集中到武汉，这就需要用到远程专家会诊系统。

这样的一个系统目前已经有了基本的能力，武汉的火神山、雷神山医院就在第一时间由三家电信运营商覆盖了 5G 网络，可以支持远程会诊。

采用 5G 来搭建会诊系统，最大的好处是可以在任何地方做柔性部署。以往一些医院已经建成了远程会诊系统，但需要拉专线，每个月的运营成本很高，还需要专门的会诊室。而 5G 远程会诊可以利用我们每个人的智能手机，只要连上相应的客户端，就能获得高清视频的支持，在视频中可以显示病人的各项检查数据、病人此时的状态、各个时间段病人的各项数据，还可以插入图片、影像、PPT，专家在这个系统中既可以获得各种资料，还可以进行远程的高品质交流。

这种专家会诊系统让会诊随时都可以进行，一个呼吸科的医生，需要心内科专家的支持，他随时可以通过5G专家会诊系统来寻求。

以往进行会诊，病人需要预约，医院通过电话联系专家们到现场，在专门的远程会诊室会诊，时间成本很高。在5G会诊系统里，会诊随时随地可以进行，有需要马上就可以拨叫。通过这个系统还可以看出哪些专家在线上，哪些专家有空闲，然后马上联系。跨医院的专家系统，让不同医院的医生也可以比较顺利地找到对症的专家进行相应的指导。

远程疗养干预系统

每一个病人完成治疗以后，需要疗养和恢复，医院的环境并不利于身体的疗养和恢复，病人又要占用宝贵的床位资源。

现在的情形是，病人出院回家后，医疗行为就中止了。如果病人回到自己家中可以做基本检查，还可以得到疗养指导，甚至远程心理干预，则更有利于身体的恢复。而家中的环境更舒适，病人的心情也会更好。这就需要一个远程疗养干预系统。通过5G，在病人家里用智能手机与系统建立起联系，每天可以用高清视频和分管的医生、护士交流沟通。系统会提醒病人什么时间该在家庭健康角做相关的检查，这些检查得出的数据都会发送到医院的数据库中，成为后续治疗的数据支持。系统还会按时提醒病人吃哪些药，对吃药的情况进行记录与管理。

除了治疗活动的管理，这个系统还提供了心理支持，会有心理专家帮助病人在心理上进行调整，建立乐观健康的心态。

这个系统必须要用 5G 来支持，因为要在所有家庭中都建立 Wi－Fi 是一件复杂的事，还需要用户做一些配置，如果出了问题，维护也是问题。5G 部署非常方便，不需要用户自己干预，只需要开机、安装相关的 App 就可以。

远程手术

说到远程医疗，我们说得最多的一个应用就是远程手术，这对于偏远地区分享医疗资源非常有帮助。一些在偏远地区小医院施行的手术，对于大医院的医生来说并不算什么，但是以往一个大医院的医生要到小医院去做手术，在路途上至少耗费一两天的时间，时间成本很高，费用成本也很高，来回机票就要几千元。这对于很多偏远地区的病人来说，也是一个很大的负担。

用远程手术来解决这个问题，今天已经不是一件很难的事情。有相当一部分手术通过远程控制，用计算机操作，甚至比人现场操作还要稳定。5G 的好处是，大带宽可以提供更清晰的视频、声音，让远程医生对情况的判断更加清楚，低时延也让远程医生操作起来更加顺畅、准确。

在防疫工作中，5G还可以通过机器人来进行清理、消毒工作，为隔离病房的病人送药、送餐，甚至和病人交流，进行心理干预。只要5G部署完成，在这个系统中就有非常多的事可做，相信在实际的使用中，会远比我们设想的更加丰富、更加强大。

智能健康管理

在5G的推动下，一定会出现一些曾经并不明确的概念，形成新的领域。智能健康管理会成为5G的一个重要机会。

远程医疗或智慧医疗，解决的是治病问题，是为医疗系统服务的一个体系。这个体系在治疗的过程中可以更加智能、高效、合理地利用医疗资源，帮助医院合理分配资源，提高诊疗效果，同时智能化也参与到整个诊疗系统中去，帮助提高效率、提升能力。

智能健康管理要做的不是生病后帮助提高治愈的效率和能力，而是在日常生活中帮助大家建立起健康的生活方式，做到生理协调、心理平衡、饮食均衡、运动适度、睡眠充足、环境清洁。通过智能穿戴产品，在进行大量监测的情况下，逐渐建立起不同性别、年龄、身高、体重、地域、职业人群的健康生活模型，帮助用户向这个健康生活模型靠拢，对用户日常生活提出有价值的建议，在一定程度上管理用户的生活方式。

智能健康管理必须依靠智能感应、大数据、智能分析来进行数据采集、数据分析，然后向用户进行提醒、提示甚至干预，达到智能服务的效果。用户情况各异，场景复杂多变，要在这样的情形下建立起一个较为准确的数据采集、数据分析系统，建立起各类不同人群的健康生活模型，是一个极为复杂的体系。所有的信息必须实时上传，需要把高速度、大容量、低功耗、实时信息处理都融合起来。5G 是目前可以依靠的一个最有价值的网络，能力强大，可靠性强，只有这样的网络支撑能力，才能带动真正的智能健康管理。

建设健康数据的收集系统

实时了解人们的健康数据，是智能健康管理的基础。普通人不会随时随地去做身体健康数据的监测，因此，直到今天，每一个人在不同年龄、不同地域的体温、血压、血糖、心电、体脂、尿常规等数据，我们基本不知道。我们每一个人，除了生病后会到医院做一些健康检查外，在日常生活中对身体的这些数据进行日常监测很难做到，半年或是一年一次的体检，对于很多身体健康信息都是滞后的，因此必须建立起一个身体健康数据的监测系统。

今天，感应技术的发展取得了较大的突破，以前一些对我们来说非常神秘的技术正变得不那么神秘，技术难度也不大，半导体技术的进步起到了很大作用。以往我们检测体温需要用水银体温计进行试表，时间较长，还必须把体温计放在指定位置，很难设想每人每天花时间来做这件事。而今天红外和激光的温度感应器，已经可以进行非接触式的体温测量，误差不超过0.2摄氏度，让体温检测变得非常简单。看起来非常复杂的尿常规检查，现在用很小的光谱分析模块就可以很容易地进行分析，准确性甚至超过了化学反应。

微型电动机、智能存储模块、微芯片的集成，为可穿戴产品和家庭智能生活用品提供了机会和可能。

可穿戴产品已经经历了多年的发展，有过太多的失败和落寞，但失败的过程也是一个技术积累和问题解决的过程。今天通过技术手段可以实现或接近于实现对人的体温、血压、心率、心电、血糖、血氧、尿常规、便常规、体脂等数据的收集和记录，这些能力为建立起日常的身体健康数据库提供了可能。在此基础上，人类的日常健康数据第一次可以进行较为全面和完备的收集，进而建立起健康生活模型。

虽然可穿戴产品今天还处于低谷期，但是已经积累起来的技术和正在到来的5G能力，为这个产业提供了机会和可能。

建立智能健康生活模型

在这个世界上，不同种族、性别、年龄、地域、职业、身高、体重的人群，他们每日最佳的体温、心率、心电、血压、血糖、尿常规、血常规应该是什么样子，一直都不为人知，因为没有办法收集到这些数据，然后对这些数据进行分析，最后形成一个强大的人类健康生活模型。其实不同种族、不同性别、不同年龄等的人群，都会在不同时期有不同的健康数据，这其中一定会存在较为健康的状态，因而有必要为人类找出不同人群的健康数据，渐渐建立起一个健康生活模型，将其提供给大家作为健康生活的参照，帮助人们找到健康生活的努力方向。

智能健康生活模型需要大数据，对不同的人群进行较长时间的跟踪分析，记录他们的生活习惯、生活方式，形成较为健康的数据，从而建立健康生活模型。这个模型不是所有人共有的，不同性别、年龄、身高、职业的人会千差万别。这个模型会非常复杂，但它一旦建立起来，会成为人们工作、生活的一个参照系，大家可以据此来调整自己的工作、生活节奏，尽可能形成较为健康的生活方式。这样的健康生活模型是智能健康分析的基础。

人类只有建立起一个庞大的大数据系统，才能对生活方式有更多认识，才能形成一个有价值的参照系统。

建立健康生活服务系统

智能健康生活服务系统是在智能感应和智能模型的基础上，跟踪用户的生活，了解用户的生活习惯、生活方式，在这个基础上对照最佳的健康生活模型，对用户的生活和行为进行提示与提醒，帮助用户逐渐校正行为习惯，选择健康的生活方式。而对一些非常不健康的极端行为，甚至会采取更加严格的干预模式，比如对吸毒、酗酒这样的生活方式，会通过多种手段（当然是在用户授权和接受的情况下）进行干预，比如向有关部门发送报警信息、限制消费行为、冻结银行账户之类。

智能健康管理是一个新话题，要解决的问题很多，是一个庞大的复杂的系统。对于小型创业公司来说，进入这个领域是一件残酷的事情，因为需要长时间的技术积累、能力积累才能熬过生存期，这是一个非常艰难的历程，但是如果真能在这个产业中坚持下去，找到突破口，我相信未来在这个产业会出现和阿里巴巴、腾讯一样影响人类的公司。

智能交通

智能交通是一个巨大的产业，它带来的影响甚至远远超过5G本身。智能交通除了通信系统之外，还有智能交通管理系统、道路的智能化、汽车的智能化、能源的改造，需要多方力量共同推动，最终形成一个强大的体系。智能交通的形成，不仅能极大提升社会效率，还能减少交通事故中的人员伤亡，减少能源消耗，降低空气污染。

智能交通从形成到爆发是一个较长时期内需要多领域共同合作，逐渐改变的过程，这个过程可能需要 20 年甚至更长时间，最终逐渐形成会极大改变人类社会的产业。支持智能交通的通信手段是 5G，未来可能会是 6G、7G，但 5G 是人类构建智能交通体系的重要一步，无论是远程智能交通系统，还是无人驾驶，都需要 5G 来辅助，从而实现智能化能力。

智能交通要解决的痛点

智能交通并不完全就是无人驾驶，也不完全就是把人从繁重的驾驶中解放出来。对智能交通而言，要解决的问题非常多，但最核心的有三个。

第一大问题是提高交通的效率。随着汽车保有率的提升，越来越多的家庭和个人拥有汽车，现在最大的问题是汽车的效率并不高，在高峰期，道路上的时速只有 20 公里左右，有时甚至不到 10 公里。造成交通效率低的一个重要原因，就是车多。为什么车多效率就低？因为缺乏有效的管理，大量的车都挤在道路上，互不相让，结果造成所有的车都只能低速行驶、相互影响，最后道路成为一个巨大的停车场。

第二大问题是降低交通事故的伤亡率。中国道路交通事故死亡人数呈逐年下降的趋势，但这个数字还是非常庞大的。2001年全国公安交通管理部门共受理道路交通事故案件75.5万起，事故共造成10.6万人死亡。近年随着管理水平和车辆品质的提升，我国道路交通事故死亡人数已经下降到每年6万人左右。全世界每年道路交通事故死亡人数在30万左右。这样一个庞大的数字，带来了巨大的经济损失，也让很多家庭面临巨大痛苦。

第三大问题是交通参与的成本。汽车的运行和养护需要巨大的成本支出，比如学车费、油费、过路费、维修费等。2019年北京市的汽车保有量达到636.5万辆，这么多的汽车占用了大量的土地资源，产生了大量的汽车污染。而非常多的车使用率很低，一年也跑不了1万公里。

造成交通效率不高、交通事故频发、交通参与成本巨大的一个非常重要的原因就是，今天以家庭汽车为主的模式需要大量的汽车存在，同时每一辆汽车都需要驾驶员，每一个驾驶员都是一个单独的控制中心，上路驾驶时对汽车进行管理控制。对绝大部分人而言，驾驶并不是专职工作，虽然考取了驾驶执照，但是大量的道路交通参与者没有受过很好的训练，酒驾、毒驾并不鲜见，至于带着情绪开车、疲劳驾驶，在高峰期不顾交通规则、互不相让，也是极为常见的现象。

将一个个单独的自然人作为交通工具的控制中心，让自然人来承担运输工作，这是大量道路交通事故发生的根源。我国每天约有 200 人死于道路交通事故，上千人在道路交通事故中受伤，这样的成本是巨大的。我们做任何一项工作，很少会付出这么大的代价。即使是有着巨大危险性的煤矿作业，2018 年我国死亡人数为 333 人，和道路交通事故死亡人数 6 万人相比简直是小巫见大巫。

智能交通要解决的问题，就是提高交通效率，降低道路交通事故的伤亡率，减少能源浪费和资源浪费，减少交通对社会资源的占用。

智能交通极为重要的一个切入点，就是让自然人退出道路交通，让道路交通的参与者都成为服务对象，让驾驶由专业的队伍来完成。

无人驾驶

让自然人退出驾驶队伍，让道路上数百万个控制中心变为一个或几个控制中心，这是一个复杂的系统。

人类最初的无人驾驶采取的是仿生的思路，希望道路上的每一辆车都拥有与人类一样的感应能力、判断能力和思考能力，能针对复杂的外界情况做出反应。

无人驾驶的第一步，就是要让车拥有与人类一样的感应能力，感应道路上的一切情况。传统的汽车基本上没有自主的感应能力，而在车上安装各种感应器，可以提升汽车对外界的感知。

人类要实现无人驾驶，第一件事是要把汽车能源升级为电能。传统的汽车通过燃烧柴油、汽油，让发动机获得足够的动力，驱动汽车前进。各种感应器和智能处理能力，靠汽油、柴油驱动显然不可能，必须转化为电能。作为一种新的能源形式，电能的获得可以通过风能、水能、太阳能、可控核聚变来实现，不再需要消耗大量的不可再生能源，更加清洁。这是人类能源未来的发展方向，人类只要突破能源高效存储这一难点，新能源的一切问题都会迎刃而解。

今天全世界的汽车制造都把新能源作为发展方向，并且迈出了重要一步。以特斯拉为代表的新能源汽车早已经跨过了最初的概念车阶段，开始逐渐渗透到人们的生活中去。一旦汽车全面成为新能源汽车，就为无人驾驶奠定了重要的基础。

感应器的出现和完善让无人驾驶拥有了眼睛。最基本的道路感应主要由两种感应器构成，一种是雷达，另一种是摄像头。

雷达是通过发射无线电波，再接收这些无线电波的回波来实现无线电探测和测距。这个技术被广泛运用在军事领域。汽车雷达将会是人类雷达技术使用最广泛的一个领域，未来一辆汽车上会有 8 个以上的雷达，被安装在汽车的各个方位，探测距离从几米到几百米，拥有强大的抗干扰能力。汽车通过雷达信号探测周围的障碍物，了解自己的位置。

摄像头和人的眼睛一样，是一种通过光线来感受周围环境和情况的感应器。和雷达相比，它对物体的感知会更加精准，分辨能力更强，因为是被动地接受光线，在有光线的情况下，摄像头就可以接收信息，且受到的干扰远比雷达低。在很大程度上摄像头接收信息的能力更接近于人类，通过摄像头和智能分析，汽车也会拥有接近人类对外界情况的感知能力。今天一辆汽车上可能只有一个或两个摄像头，主要用作行车记录仪和倒车提示。在无人驾驶的汽车中，摄像头会多达 20 个，在不同的方位多角度进行信息获取，和人一样，发现前后左右甚至是天上、地面的情况，还能配合雷达对周边的各种物体做智能分析，判断其距离、方位、角度、行进方向，通过这些信息进行计算，判断会不会产生碰撞，自己的行进方向是否正确。

除汽车雷达和摄像头之外，未来还可能会有其他感应器加入到无人驾驶的行列中，如温度、湿度感应器，它们使汽车对行驶环境有了更丰富的判断，座舱中的空气质量感应器能保证乘客处于一个健康的良好环境中。

感应器的不断完善，让汽车不再是“傻子车”，对周边的环境、外界的情况有了更多的了解，使无人驾驶成为可能。

汽车走到这一步，在很大程度上就是模仿人类在道路上驾驶的情景，观察、分析、了解情况，对出现的各种道路交通情况做出合理的反应，防止碰撞，防止偏离正常的道路，选择合适的速度和线路。

依靠强大的智能感应建立起来的无人驾驶，在一定程度上是要求汽车的智能化能力达到人类的程度，能像人类一样对非常复杂的环境做出最及时的反应，这不仅需要强大的通信能力，同时也需要强大的智能化处理能力，让汽车和人类一样形成针对不同场景的本能反应。这意味着人类需要漫长的完善期，才能在能源、芯片、软件、通信上形成强大的协同能力，仅有感应能力远远无法让无人驾驶成为有价值的能力与服务。

车路协同

无人驾驶要做到车和人一样拥有智能化能力，通过感应对周边情况有非常准确的了解和分析，在这个基础上做出高效、精准的判断，实时驱动汽车做出反应，需要一个强大的综合能力，需要各个方面能力的提升。而通过车路协同，弥补车本身的不足，是智能交通的重要一步。

车路协同非常重要的一点，就是把我们今天的模拟道路变为智能化的数字道路，只有道路也数字化，才能进行精准定义、精确管理，让车沿着规划好的路线前进。

在车不能做到和人一样拥有强大的智慧之前，我们要让道路变得更加智慧和强大。数字道路就是对道路的每一平方米都进行精准的定义和编码，都有一份属于它自己的身份信息。

要做到道路的数字化，有多种编码方式，比如利用经纬度、专门的数字编码等，标记的模式也有多种。通过全球定位系统用卫星进行定位，已经有成熟的技术。通过多颗卫星或几个卫星系统进行校正，可以得到更为精准的位置信息。卫星技术成熟、成本低，全球目前已经有美国的GPS、中国的北斗、俄罗斯的格洛纳斯、欧洲的伽利略，日本也有自己的卫星定位系统。这些系统可以对道路进行定义，提供精准的位置信息，精度可以精确到米。但是卫星定位容易受到外界的干扰，雨、雾、电对卫星数据都会有影响。卫星信号无法进入地下，要对地下停车场、地下隧道进行定位，形成一个完全覆盖、不会出现中断的管理体系，卫星定位存在一定的问题，而对于中国四川、贵州等山路多、超长隧道多的地区，采用卫星也很难解决好精准定位的问题。

除卫星之外，还可以采用RFID技术，对每一平方米的道路嵌入无源或有源的RFID标签，用这些标签标识每一平方米的地理位置信息。这些地理位置信息，在20～500米的距离范围内就可以接收。汽车通过RFID识读设备，可以及时读取位置信息，通过这些位置信息进行精准的位置识别，在这个基础上进行道路规划、行车轨迹规划。相较于卫星，RFID需要在每一平方米的道路上放置识别标签，这是一个浩大的工程，维护成本较高，管理起来也较为困难。但是它的识别度很高，受外界的影响较小，抗干扰能力也较强，而且还可以在地下隧道、地下停车场进行信息覆盖，在很大程度上弥补了卫星的不足。

通过多种技术的融合，对参与公共交通的每一平方米道路进行精准定义，把模拟地图升级为数字地图。在数字地图上，我们不仅可以知道大概的位置，还可以通过智能交通管理系统，对每一辆车什么时间从什么地方经过、车速多少进行精准的规划，把交通系统变为一个通畅、高效的系统。

只有车的智能，没有路的配合，就很难实现真正的高效智能化交通。只有让道路数字化、智能化起来，智能交通系统才可以对行驶在道路上的每一辆车进行管理，车不再是随意行驶在路上，而是随时发现问题，进行反应。所有的车，能不能出车，目的地是什么，走哪条路，车速是多少，在什么地方用什么速度行驶，都可以进行实时管理。车不会一起堵在路上，保证道路利用效率更高，不让宝贵的道路资源浪费在交通拥挤的低效率中。

中央智能交通管理系统

今天的交通系统是放任数百万个独立的控制中心，控制着数百万辆车，加入道路交通中，这些车的行驶目的地、行驶路线都没有经过规划，也没有很有效的管理。管理是通过红绿灯、摄像头和交通警察来实现的。一个路口，车能不能通过，由红绿灯决定，摄像头协助交通警察对违反交通规则的驾驶者进行处罚。所有交通管理都是通过事后处罚来实现的。随着 5G 的到来，交通管理将不再依靠摄像头和交通警察，而是通过智能感应器、低时延的 5G 通信能力、强大的智能交通分析系统，共同形成强大的管理能力。

在智能交通体系中，每一辆车都不可能脱离管理，当一位乘客提出乘车需求时，智能交通管理系统会选择离乘客最近的一辆车，并为其规划行驶路线。这辆车从地下停车场驶出后，到达乘客所在的位置，这个位置不是某个车站、机场，也不会是某个路口，而是一个精准的位置，精准到米，这辆车会自己找到乘客，开到乘客的身边停下。乘客上车之后，开始计费，这辆车会将乘客送往已经设定好的目的地。在这个过程中，所有的线路都由中央管理中心来做精准的规划，由一个庞大的系统来做出适时反应，保证道路不出现拥堵，防止一条道路上有大量车辆出现，造成无法畅通行驶。在无法保证车速的情况下，必须通行的车辆可以在停车场等待，而不是让车辆仍然行驶在路上，导致相互干扰、影响交通效率。系统要做的是，在道路无法保证最高效率时，通过延长等待时间，不允许更多车辆参与到道路交通中来，从而保证整个交通体系是最高效的。

乘客被送到指定位置后，计费结束，自动扣除乘客费用，车辆被安排去接下一位乘客，或者是车辆在最近的停车场找到相应车位，等待下一次任务，而在等待的过程中，车辆会自动接上充电桩，开始补充能源，用最好的状态来保证每一次服务都是安全、高效的。

汽车的每一次充电过程，都是一次安全自检过程。在充电时，对车况进行充分的安全检查，发现车辆存在的问题，需要更换零件时，车辆会自己到附近的维修中心进行维修，或者呼叫维修车来更换零件进行维修。在每天的工作完成后，相关车辆会到专门的服务中心接受清洁、消毒，保证车况的高品质。

一个智能交通系统，将包括车辆的管理、计费、维修等环节，共同组成一个庞大的体系。在这个体系中，每一个环节都实现了智能化，实时收集信息，实时做出反应。收集到的信息传到云端进行智能分析，再返给车辆，向车辆发送命令。这样的一个体系对网络要求极高，它不仅要求网络非常稳定，不能中断，同时也要求网络时延低，时延低才能高可靠，做出最及时的反应，确保安全。

举一个很简单的例子，一位乘客在向中央控制中心申请用车之后，他不可能在几分钟的等待时间里一直站在一个位置，可能会在一定范围内移动，而中央控制中心不仅要向车辆传送初始位置，还要向车辆发送位置的变化信息，保证车辆及时到达乘客身边。

智能交通是一个复杂、庞大的系统，涉及的行业、领域众多，需要进行改造的系统也远比想象的复杂，建立起这样一个系统非一日之功。智能交通也非能源汽车、无人驾驶那么简单，要从多个角度找到切入点，形成解决方案。

智能交通拥有巨大的产业前景，也会带来全新的产业机会，不论是个人还是企业，选择进入这个领域，必须要明白一件事，这条路是一条艰难之路，对资金、技术以及综合能力的要求很高，能否在这个过程中找到自己的位置，真正地坚持下去，直达成功的彼岸，远比我们想象的复杂。相信未来在这条路上，有很多成功者，也会有很多牺牲者，但无论是成功者还是牺牲者都值得尊重。

即时翻译

语言的沟通至关重要。人类之间的语言交流，让沟通成为可能，让文明可以流动，信息可以传输。今天全世界大约有7 000种语言，要让说不同语言的人之间进行信息交流，是一件成本极高的事。

中国历史上最伟大的政治家秦始皇统一中国后，推行书同文战略，保证了中华文明的绵延。今天全世界绝大多数古代文明都衰落和消亡了，而中华文明依然在绵延传续，文字的统一功不可没。其实中国各地也都有方言，这些方言我们很难听得懂，但是有了文字我们就能看懂。统一的文字成为连接中华文明的纽带，有了共同的文字，我们才能进行有效的信息沟通，在感情上联结在一起。

语言的沟通是人类未来要解决的一件大事，人类只有解决了信息沟通问题，才能渐渐相互理解、相互认同，建立起情感纽带。

为了解决语言沟通问题，人类花费了极大的成本，付出了巨大的代价。一个中国的孩子从幼儿园开始就需要学习英语，一直到大学毕业，把生命中的很大一部分宝贵时间都用来学习语言。中国今天是世界工厂，每年有超过 6 亿人次出境，翻译是一件和世界进行信息沟通的大事。

随着 5G 的到来，即时的信息沟通成本将越来越低，效率将越来越高，人类语言的即时翻译会在不远的将来被攻克。即便你不懂外语，在大部分情况下也可以和不同国家的人进行信息沟通和交流，就如有同声传译一样。

美国发明家、未来学家雷·库兹韦尔在接受《赫芬顿邮报》采访时预言，到 2029 年机译的质量将达到人工翻译的水平。这一论断在学术界引起很多争议，不过随着 5G 的到来，预言很可能成为现实，甚至会更早地实现。

大量的信息采集是机器翻译的基础

20 世纪 30 年代初，法国科学家 G. B. 阿尔楚尼提出用机器来翻译的想法。1933 年，苏联发明家 П. П. 特罗扬斯基设计了把一种语言翻译成另一种语言的机器。人类很早就试图利用机器来翻译，最早的探索一直不够成功的原因，就是计算机系统不够强大，能够收集、对比的信息不够多，翻译针对的场景实现的效果不够强大。系统划分型、词汇型、语法型、语义型、知识型、智能型的机器翻译，都需要收集更多的信息，通过对这些信息进行分析找出规律，从而逐渐实现翻译。机器翻译从词、词组、句子入手，研究一一对应的关系，除了义素、词、词组、句子之外，还要研究大于句子的句段和篇章，在词、词组的基础上，逐渐形成句子、场景、语境的研究与表达。

人类要实现翻译的精准，首先是对词和词组进行分析，找出一一对应的关系，今天人类已经有了很多双解词典，在这一点上已经做得比较完善了。在词和词组的基础上，寻找句子之间的对应，在句子的基础上再兼顾篇章，寻找逻辑关系与表达习惯。这是人类翻译的第一步，是在没有顾及人这样一个有性格、风格、表达方式的情况下，进行文章的翻译。

所有从词、词组到语句、篇章这样的一个寻求对应关系的探索，就是在进行大量训练的基础上，把大量的文章输入机器中进行对比，找出其中的逻辑关系，最后实现翻译。

互联网出现后，网络上的信息是海量的，这些海量的信息为翻译的实现提供了大量素材。应该说，机器翻译在今天已经有了较大突破，我们很多一般性的文字表达，通过机器翻译已经可以基本了解其含义，传达的信息并不比一般的人工翻译水平低多少。

移动互联网将人类的翻译带向个人服务

基于互联网的翻译，只是达到文章的层面，它不是以人为中心定义的，每一个人都有自己的风格、习惯、语调、语气，也有习惯用语和独特的语境。只有了解这些信息，才能在一般性的句子和篇章翻译中，找到更适合某个表达者的译文，这是一个更为高级的过程。很大程度上这需要一个翻译机器人，一直跟踪某一个人，对他的语言进行分析，了解他的习惯、风格、个性、特点，最后找到最适合他的语言表达。这种服务与能力，在传统的机器翻译和互联网体系下是做不到的，但在移动互联网模式下，每个人每天都携带智能手机，用它来阅读和写作，利用社交媒体进行交流和沟通，发表自己的看法，这些信息都包含了用户的语言表达模式、风格与习惯。智能手机记录了这些表达，只要把这些信息汇聚到云端，通过智能分析系统分析出这个用户的习惯性语言和表达方式，并将其智能化，就可以定义他的语言风格，找到最适合他的表达风格。

没有智能手机，没有及时跟踪，没有大量的信息收集，这些是不可能做到的。应该说，目前的机器翻译还没有形成以人为中心的智能分析系统，这是翻译要解决的一个重要方面，只有做到这点，翻译才不会千人一面，都是词汇的一一对应或词汇的堆砌，让人不知所云。以个人为中心的信息收集，形成专门的翻译系统，将是人类翻译水平的一个重要突破口。

智能互联网将带来口语交流的全面突破

相较于书面语言，口语交流较为简单，但因为没有篇章形成的相互关系，对一句、几句简单的话要做到精准的翻译则很难，除了语言本身之外，还要对表达者的语调、节奏、语速、语气、声音的轻重进行分析，与表达者所处的场景结合起来，以找到最恰当的翻译。在一定程度上，翻译已不仅是对原来语言的翻译，还是对情绪、场景的翻译，这就对翻译提出了更高的要求，需要收集更多信息，把这些信息加入到翻译的过程中来。

传统的机器翻译肯定做不到这一点，而智能互联网却可以通过智能手机进行更多信息的采集，除了声音信息外，还包括所在位置、周围温度、运动情况等多种信息，然后把这些信息加入到翻译的分析系统中去，作为判断用户语气、习惯的补充，让翻译变得更加精准。这些强大的能力，对于传统研究翻译、语言的专家来说，是不可想象的，完全超出了他们的理解，但是智能互联网都可以做到。

真正的口语交流是没有时延的实时交流

人类希望的最好的翻译体验，不仅是精准的翻译，还是实时的翻译，这样才能高效地进行无障碍的交流与沟通。每说一句话都要停下来等待翻译，不仅会大大影响交流的效率，也会给用户带来不好的体验。

今天，口语交流要变成实时交流，就是当说完一句话后，这个语音信息会被传送到云端，云端系统对这些声音进行识别，将声音转为文字。在声音识别的过程中，需要对说话者进行全面分析，启动人工智能翻译引擎，把说话者既往的大量信息交流也加入进去，辅助识别。在完成识别之后，把这些文字翻译成另一种语言，再回传到智能手机或翻译设备，比如手持翻译机、翻译耳机上，转成声音发送给用户。

这个过程经历了声音采集－声音传输－声音识别－声音转文字－文字翻译－文字传输－文字转声音－声音发送这样几个阶段，是一个非常复杂的过程，不仅需要完成多次转换，还需要信息传输、信息分析、识别转换。要做到这一点，不仅需要强大的计算能力、高效的传输，还需要把时延降低到极低的程度，让用户在使用的过程中不受时间因素的干扰，达到实时同传的效果。

要实现即时翻译，除了语音识别之外，还必须建立起个人的语义模型，用环境、场景、语速等各种信息进行辅助和修正，最后产生直接的语义表达，并且用最低的时延反应进行翻译之后的反馈。

人工智能、场景分析、智能翻译引擎和高效传输的结合，将会把即时翻译变成一种简单的工具，使我们在任何场合下都可以和不同民族讲不同语言的人进行顺畅的交流。这种情景相信年轻一代会非常喜欢，因为他们不再需要花费大量时间从小学习语言，可以有更多的时间用来玩耍、学习艺术，做自己喜欢的事。

视频化电子商务

移动电子商务是一项在 4G 时代就已经爆发的业务，它对社会生活的冲击，对整个社会的改变，甚至对缩小数字鸿沟、缩小城乡差距影响巨大，今天它已经成为社会经济的一个重要组成部分。

电子商务在中国的发展经历了一个漫长的过程，最初是向美国电子商务网站学习，把它复制到中国，从网上书店开始起步，到今天传统商务基本上所有的模式都复制到了线上，并且创造了全新的模式。在这个过程中，不断采用新的通信模式和技术能力，提升用户体验，提升用户感受。

淘宝基本上复制了农贸市场的模式，大量的商家聚集，管理和商品都较差，最初存在较多的假货，但是品种丰富，可以买到几乎一切商品，价格也便宜。京东就是一个商场了，追求服务品质，尽可能防止出现假货，通过全国的供货体系，保证了用户的购物体验，有些地方可以做到上午下单，下午收到商品。这两个平台占据了大部分人的电子商务购物时间，成为最主流的平台，也满足了大部分人的购物需要。

似乎电子商务已经空间不大了，但是唯品会这种高档商品专卖店和寺库这种奢侈品专卖店也取得了一定的市场空间。线下奢侈品专卖店可以将人群进行区分，有钱人不必和普通人一起在店里挤来挤去。网络一样可以将人群进行区分，有些人一辈子可能都不会上唯品会、寺库这样的网站，但是有些人会在这些平台找到自己喜欢的商品，这些平台也不会充斥大量的商品，杂乱而无序。

不同的需求，在线上依然形成了不同的平台和不同的购物模式，高中低档产品，针对不同人群，都有各自的平台、各自的服务和各自的心理预期，创造出了完全不同的商业机会。

我们看到各种电子商务平台覆盖了不同的人群，可能会认为这个市场已经没有机会了，但机会还是在不断地出现。几十万亿的购买力，足够切分出各种完全不同的平台和不同的服务。

拼多多基本上是依托移动互联网，注重农村或小城市用户的要求与体验，用社交来整合与推动电子商务，效果出奇的好，很快成为中国强大的电子商务平台之一。除此之外，基于微信的社交平台，多个把社交能力转换为电子商务能力的平台应运而生，在不同的用户群中有着强大的影响力。

从电子商务 20 多年的发展历程中可以看出，庞大的市场、巨大的人群，足够支持多个电子商务平台，不同的用户对产品、服务、价格、传播模式也有着不同的要求，需要建立有针对性的服务模式，不可能用一个平台、一种模式为所有人提供服务。

今天电子商务面对的是一个销售过剩的时代，各种销售平台通过各种渠道轰炸消费，很多消费者购买的商品有相当一部分没有使用，或者使用价值很低。在这种情况下，什么样的平台还能占据消费者的消费时间，让消费者成功地购买商品？

购物正在从功能需求转向情感需求

购物者有非常明确的商品功能需要，知道寻找某种商品来满足自己的需求。在这个过程中，消费者需求清晰，购买意向明确，主动去寻找自己需要的商品。无论是线下商业还是线上电子商务，目前主要都是这种形式。在功能需求的时代，商家要做的是提供满足消费者需要的商品。在短缺时期，只要满足用户的功能需求就可以。大家都想买口罩，只要提供口罩就可以，价格、服务、品质都不是关注的重点，但在充分满足了功能需求之后，价格、服务、品质就越来越重要，对于富裕阶层来说，甚至购买环境也是重要的关注要素。

今天我们已经进入一个物质极为丰富的时代，在满足基本功能需求的基础上，降低价格、加强服务、提升品质，这些都已经非常完善了，在功能极大过剩、产品过剩、服务过剩，甚至是服务过度的情况下，要争夺眼球，争夺消费者，就必须要争夺情感关注。

提供品质合格的商品，尽可能降低价格，形成价格竞争的优势，提升服务水平，及时送达商品，及时沟通，及时解决售后问题，这些都是一个强大的电子商务平台的基本能力。未来的电子商务，必须要把情感的因素加入到电子商务中去，通过情感力量的感染、冲击，影响消费者的购买行为和行为习惯。

如何建立起和消费者的情感沟通，是一个复杂的大问题。解决好这个问题，找到好的表达方式和沟通方式，建立起强大的情感联系，就可以让电子商务上一个台阶。如果找不到情感沟通的突破口，找不到解决的办法，就很可能在未来的竞争中处于不利位置，甚至有逐渐被淘汰的可能。

视频交流会是购物交流的重要模式

要建立情感的交流与互动，必须让购物交流的模式向多媒体转变。传统的电子商务模式，通过文字、表格列出产品的名称，产品的价格，产品的规格，产品的描述，各种证明质量的数据，既往用户的评价，向用户传递商品的基本信息。但是光有这些还远远不够，图片特别是高品质的图片，会在很大程度上影响用户的购买行为，对于衣服这类产品，图片的冲击力会更大。因此，今天所有的电子商务网站都会用丰富的图片来展示产品，会用更多的图片来支撑数据，形成丰富的表现形式。

视频展示也正在成为电子商务的标配，一款产品，如果没有视频展示，就会大大限制用户对产品的理解。视觉表现力和视觉冲击力，效果直观，会远远超过文字描述。

随着各种能力的提升，视频交流和视频直播正在成为电子商务未来的形式。一个用户在获得了商品的基本信息后，如果想对商品有更多的了解，他一定希望用最简单直接的方式，看到卖方，进行语音交流，这样更有安全感和信任感。这种交流光靠文字、语音还不够，必须采用高清的视频交流，直接交互。高清的视频交流除了声音之外，还通过文字、影像传输信息，得到的信息就不仅有语音的表达，还有面容、表情、环境、语气形成的氛围，这种氛围包含的信息更加丰富，更富有感情，会让人更加放松，接受度更高。

电子商务的明星化

电子商务作为一种商品服务的形式，唱主角的一直是产品，人在其中的作用绝大部分情况下是辅助性的。企业要做好电子商务，首先要提供高品质的产品，之后通过批量来降低价格，建立起强大的质保体系，加强售后服务，加强物流建设，总之一切都是围绕着商品本身展开的。

随着5G的到来，情感化逐渐成为电子商务的一个组成部分，要打动用户，不仅产品要有竞争力，还要诉诸情感的力量，通过情感影响用户的选择，因为对于很多用户而言，购买商品未必是真正的功能需求，而是一种心理的发泄。在电子商务的获客过程中，名人的影响力举足轻重，会大大影响用户的购买行为。明星逐渐成为电子商务平台的促销员，通过他的表达、沟通方式、人格魅力，吸引消费者，打动消费者，影响消费者的消费行为。

把一款产品介绍清楚，得到消费者的认同，在交流过程中消费者被打动，愿意掏钱购买，并不是一件简单的事，需要摸索、研究和专门的训练，现在已经有人在开设相关的直播专业课程。一些电视直播的主播已经从个人直播转向专业团队运作，并取得了非常可观的经济效益。每一个电子商务平台都把直播作为一个重要方向，构建相关的平台，摸索通过视频交流和引导的方式获客。不少专业的主播已经开始明星化包装和运作。一些娱乐明星也加入购物直播的行列，效果非常显著。这些明星通过购物直播，把自己的影响力再一次变现，让影响力具有商业价值。购物直播也将成为未来过气明星主要的生存方式，他们充分利用已有的影响力，将其转为商业价值。

电子商务是一个最富有创造性的领域，因为它和几乎所有人的生活紧密相关，同时对产业发展也有巨大的推动力。只有货畅其流，经济才能发展。只有产品实现销售，才能实现它的价值。电子商务是社会经济中不可缺少的部分，它的畅达是整个社会经济体的润滑剂。为了实现最畅达的电子商务，商家寻找各种办法，将一切可能的技术与手段和电子商务融合起来，提高电子商务的能力。一切有可能更好地实现人与人之间的沟通，促进对商品的了解的方式，都会被引入到电子商务的模式中，例如利用各种社交平台，将其作为商品的引流平台。5G 技术一定会被广泛地应用到电子商务中去，通过视频传播，在情感层面打动用户，最后形成购买力。一些成功的销售者会逐渐明星化，人们会购买他们推荐的产品，不关心产品本身，购买行为成为一种情感的外在表现。

第六章　5G 与产业发展

前几代移动通信发展，除了信息传输对生产领域有较大影响之外，主要的业务还是局限在生活、服务领域，因为它们的功能基本是单一的，主要就是声音信息的传输。2G 之后逐渐形成了一定的数据能力，但是网络数据量小，网络的稳定性也较差，网络时延较高，这些都不太符合产业的需要。4G 开始后被逐渐应用到产业中，但表现最亮眼的还是生活服务，移动电子商务、移动支付、共享汽车、共享单车、导航、外卖这些服务成为 4G 时代移动互联网的主流。

5G 时代，网络不仅会有更高的速度，同时还会有低功耗、低时延的能力，网络更可靠，能力更强大，和产业结合的机会会更多。5G 会渗透到所有的领域中去，改造所有的产业，任何一个产业不被改造就意味着可能被淘汰。

5G是智能互联网的基础，它除了高速度之外，低时延、低功耗、大容量接入都让其拥有过去网络通信无法支持的能力，这些能力不仅可以用于社会生活中，同时也对促进生产、提高效率、降低成本有着巨大作用。5G会被广泛应用到产业中去，成为生产力，人类面对自然的能力将会极大提升，社会经济也会有更大的发展。

智慧农业

农业是人类社会发展的重要支撑，强大的农业是人类生存的基础。直到20世纪60年代，中国还有饿死人的情况出现，虽然有天灾、政策的因素，最为重要的原因还是社会能力不够。20世纪70年代，中国推行计划生育政策，得到社会的广泛支持，基本的判断就是我们无法养活更多的人口，若不实行计划生育，社会无法支撑大量的人口，最后可能导致巨大灾难。今天计划生育政策正面临改变，因为我们已经具备了养活更多人的能力。

20世纪90年代，中国北方地区冬天主打蔬菜是土豆、白菜和萝卜，今天这种情况已经完全得到了改变，原因就是蔬菜种植中大棚技术的广泛采用。人类几千年受气候影响的生活习惯也得到了改变，速度远超想象，不过几十年时间，中国人开始不用再为粮食短缺而操心了，南北方因气候形成的生活方式的巨大差异，也似乎在渐渐消弭。

智慧农业正从1.0向2.0发展，智慧农业2.0需要5G技术的参与。

工厂化农业向我们走来的速度会远超想象。将一家一户的小农生产逐渐转变为机械化农业，人类在很大程度上已经完成了这一步。大规模的主粮生产，从春耕到播种、中耕、除草、收割，都通过机械化来完成，这种生产模式已经在主粮生产地区被广泛地采用。在这种机械化的生产保证下，主粮种植效率大大提升。正是因为大型农机、化肥、农药的广泛采用，今天人类绝大部分的主粮供应不再是问题。

智慧农业1.0建立在大型农机、化肥、农药的基础上，这些能力保证了粮食生产的高效。2019年，中国粮食总产量66 384万吨，粮食作物单产381公斤/亩，每亩产量比上年增加6.6公斤，增长1.8%。其中，谷物单产418公斤/亩，每亩产量比上年增加10.1公斤，增长2.5%；豆类单产128公斤/亩，每亩产量比上年增加2.7公斤，增长2.1%；薯类单产269公斤/亩，每亩产量比上年增加3.1公斤，增长1.2%。这些增长是不断采用科学的种植方法的结果。

智慧农业对农业生产效率的提升作用，可以从蔬菜这种经济作物上得到很好的体现。通过塑料大棚这种模式，人类今天已经基本改变了气候对蔬菜种植的影响。在冬天的北方，一根黄瓜曾经价格不菲，今天早已成了大众蔬菜。南方和北方的差距似乎越来越小，甚至是西藏的一些极寒地区也种上了蔬菜。1947 年前，北大荒就是荒原，很少有人居住，基本上没有粮食生产，而今天它生产的粮食可以供 1.2 亿人食用，98%的粮食是商品粮，外销给别的地方。实现这一点的基础就是大规模的机械耕作，一块以万亩计的地只种一种作物，播种、管理、收割的效率很高，投入的人力很少。美国农业人口只有 350 万，占人口总数的 2%左右，却养活了所有美国人，而且还有大量的粮食出口。美国这种高效率的农业生产模式正在全球迅速推广。近 40 年来，中国也在实践着这一过程。

在通过大型农机、化肥、农药实现高效率的前提下，人类完成了智慧农业 1.0，正在走向智慧农业 2.0，通过智慧农业实现精细化种植与管理。

智慧农业 2.0

1. 智慧农业 2.0 需要建立起大数据的生产分析系统，指导农产品的生产。

很长时间以来，每年都会出现某一类农产品因大量种植而集中上市，造成价格雪崩，导致农民深受其害。每年又会有某一类农产品因为上一年价格过低，农民放弃种植，导致价格飙升，产品遭“爆炒”的情况。

建立起农产品的大数据系统，可以对各地的农贸市场数据、人口增长和流动数据进行分析，对每一种农产品的消耗进行分析，比较精准地预测下一年农产品的需求数据，为农民生产提供指导意见。

这样的系统有一点“计划经济”的意思，那么以前的计划经济为什么存在问题？那是因为在信息非常闭塞的情况下，计划不是在大数据和科学的辅助下做出的，所以不够完善，存在许多需要解决的问题。随着大数据能力的完善，依靠强大的分析系统和模型，计划将更精准，更符合实际，变得更有价值。

未来整个经济运作系统不会都被分析系统所取代，分析系统也不是刚性要求，但它一定会对农业生产有很好的指导作用，让农民在生产时有更好的科学参考，而不是凭着本能。

2. 智慧农业2.0需要建立起一个畅通的农产品销售渠道，加速农产品的流转。

很长时间以来，农产品的销售较为封闭，大多是依靠各地的收购者来完成的，这就造成了很多地方的农产品并不能有效地加入到销售系统中去，让农产品真正实现其价值。而农产品的生产是零散的，如同毛细血管一样存在于社会的各个角落，这就需要各种能力，把这些农产品的销售整合起来，而不仅仅是通过大公司来垄断销售。

拼多多之所以在广大农村地区受欢迎，除了消费者可以通过这个平台买到便宜的商品外，生产者能通过这个平台把自己的产出卖出去也是一个极为重要的原因。

智慧农业 2.0 必须伴随着生产建立起一个强大的农产品销售平台，能够和阿里巴巴一样，用高效、快捷的方式把各种农产品销售出去，形成一个高效的流转系统。

3. 智慧农业 2.0 需要对土壤、水分、温度、日照形成精细化的管控，提升农产品的产量和质量。

长期以来，农产品的种植是较为粗放的，一块地什么季节适合种植什么农产品，应该怎么施肥，都是凭农民的经验。几千年来，人类在农业生产上积累了丰富的经验，例如中国的二十四节气，不同地区不同的种植习惯，这是几千年来人类能够延续发展的根本力量，但我们祖传的农业经验较为粗放，无法做到精细化，认识也不够深入。

未来的智慧农业，绝大部分农业生产会逐渐走向工厂化，通过感应设备，对土壤中的各种元素含量进行科学分析，充分了解土地的特性，并且有针对性地进行改造，在这个基础上根据土壤的品质选择最合适的作物。而在种植的过程中，对温度、湿度、日照进行实时的监控，随时加以管理和调节。

通过高效管理，让农产品产量大幅提高，品质不断提升，营养价值也有较大提升，而使用的土地资源更少，生产成本更低。今天这种工厂化的高效管理雏形已经在很多经济作物中出现，最有代表性的是草莓，早已经实现了大规模工厂化生产，生长期较以前大大提前，甚至完全打破了季节的影响。通过不断优化品种，今天市场上的大部分草莓较30年前，果型、甜度、口感都有较大幅度的提升。

5G在智慧农业中的作用

智慧农业对通信能力的要求似乎并不是特别高，只要有通信能力就可以。大部分智慧农业的建设也不仅仅依靠通信能力，但5G的能力是智慧农业的重要支撑。建立大数据分析体系，让普通用户，尤其是农民都可以通过它来参与销售。传统互联网很难做到在农民中普及，而移动互联网的出现大大改变了整个传播体系，农民都用上了智能手机，让智慧农业成为可能。

在广大的农田间进行通信网络的部署，做到低成本、高效率的信息传输，采用Wi-Fi服务不仅成本高、稳定性差，而且专业性强，需要专业团队来进行部署和维护。公共服务的5G网络显然更加方便，也更容易部署；而且因为不是专用的网络，而是由电信运营商进行管理与维护，维护成本更低。

大量的智慧农业的信息传输，并不需要特别高的速度，但是需要低功耗的支持。最典型的例子是，在农田间安置感应器，拉电线的方法当然可以，但成本高，需要维护，还很麻烦。感应装置经常更换电池显然也不现实，这就需要采用 NB－IoT 和 eMTC 技术，保证数据不断地传输过来，同时一节电池可以用一年，甚至用太阳能等技术来支持，做到一旦部署，就不再需要频繁更换电池，也不需要经常维护。采用 5G 的 NB－IoT 和 eMTC 技术，通信支撑能力强大。在智慧农业建设中，通信不再是一个需要考虑的复杂的大问题。

在大型农田里收割麦子的大型收割机，不再需要有人驾驶，而是按照设置好的轨迹收割，收割后的麦子自动烘干、装车，这些都不需要人参与，人可以在控制室进行管理和控制。播种、中耕、收割，整个过程都无人化，或者人只是一个管理者，不再从事体力劳动。这样的系统必须要进行远程通信，不可能拉线，Wi－Fi 部署也很麻烦，公共的 5G 网络是做好这一切的基础。

施肥、打药这种高强度且有一定危险性的体力劳动，也在逐渐被智能化取代。对化肥、农药进行精确的配比，通过监测精确了解土壤的情况，应该施什么肥，量是多少，农药要均匀地喷洒在作物的叶片上，这些工作由人来做效率不高，也难以保证精准。此外，每年我们都会听到因打农药中毒的悲剧。喷洒农药与化肥的无人机可以通过轨迹的设置，不漏掉一个角落，喷洒更加高效、均匀。这样的无人机服务，已经成为一项专业化的能力，由专门的公司运作，它们购买无人机，对无人机进行研究，安装专门的装置，进行喷洒软件的研究，把一切做到高效、精准。农户要施肥、打药，只需要给专业公司发订单，由专业公司派人到相应地块进行操作就可以。

5G的能力是支撑这样的服务做到精准管理的基本要求。4G网络让这样的服务成为可能，而5G网络不仅可以保证服务更加稳定，而且低时延使操作更加精准。无人机在大型农田中作业，要比较精准地喷洒农药，高度必须很低，甚至是贴着农作物。如果没有低时延的控制，则很容易出事故。5G可以提供远比4G强大的高速度和低时延，反应能力更强，遇到问题调整的可能性更大，让智能化变得可行。

解决粮食的供应，是人类生存的基本保证，也是人类进一步发展的基础。机械化的农业生产已经解决了发达国家的基本生存问题，智慧农业将会解决农业生产的精细化、工厂化问题。届时，农业将会打破季节、气候、土质的限制，将更多的土地资源变为良田，在品质上更好地满足人类的需要。未来，除了智慧农业的种植，人类还会通过转基因，甚至人造食物来解决食品供应，这将对人类的哲学和文化产生巨大的冲击。

智慧养殖

中国是世界上养殖业发展最早，也是最发达的国家之一。

对动物的驯化与养殖，让先民逐渐安定下来，走向农业化。猪、牛、羊等牲畜，鸡、鸭、鹅等家禽，在中国养殖的历史悠久。最为奇妙的是，中国人还培养了世界上最早的青、草、鲢、鳙四大家鱼，鲤鱼这种淡水鱼也被广泛养殖。中国古代的养殖技术领先于世界。

今天中国也拥有全世界最强大的养殖能力，每年中国人吃掉 6 500 万吨海鲜，其中养殖的为 5 000 万吨。强大的养殖能力，让中国西北地区人民吃上了海鲜，东部很多地方不吃牛羊肉的习惯也被改变了。

中国的养殖业需要智慧养殖提升效率、增强能力，让养殖更加强大，这就必须通过智能化，在每一环节降低成本，解决养殖中存在的问题。

用智慧能力保证产品的安全

所有的养殖产品，无论是猪牛羊、鸡鸭鹅，还是水产品，其安全都关系到人的身体健康。

食品安全是近年来社会关注的大问题。一种食品，它的产地、加工管理、运输流程，必须时刻处于监管之下，这样才能保证食品的安全，通信是保证食品安全最基本的技术支持。

建立起一个保障体系，可以做到远程追踪，每一个环节出现问题都有可能被监管，这样才能保证食品的安全与品质。

冷冻食品在运输过程中需要管理每一个环节，比如到了什么地方，冷藏车中的温度是多少，有没有出现温度过高、解冻的情况。在传统的冷冻食品运输体系中，只要车一出去，就没了监管，不知道在路上会发生什么情况，就是解冻了也没有人发现，从而影响食品的品质。

在运输过程中把温度等信息记录下来是有价值的，但那是事后管理，信息可能被篡改。管理最需要的是及时把信息传输出来，及时发现问题，如果温度过高，出现可能解冻的情况，系统会通知司机，让司机及时采取应对措施。及时发送出来的数据，被篡改也更难。这就需要一个系统，不断地发送信息。采用NB-IoT技术，用更低的成本，实时发送信息，是一个非常被看好的技术方案。可能会有人问，用4G行不行？可以肯定地说，用4G是完全可以的，但是4G要做到低成本就很难，因为电信运营商的4G能力是有限的，其主要被用于日常的语音和社交通信，没有更多的资源用于物联网。如果大量的物联网得到应用，大量的交互就不再是在人与人之间，而是在机器与机器之间进行。4G网络无法支持这个能力，只有5G才能做到。

食品安全还涉及溯源问题，比如消费者购买的食品是不是正品，这种食品是在什么地方、什么时间由哪一个生产者生产的，它经过了哪些运输环节，品质是不是有保障。食品出了问题，可以通过回溯系统，查出问题出在什么地方，哪一个环节出了问题。这就需要把 NFC、二维码等技术和 5G 结合起来，在食品生产的过程中就建立跟踪体系。从小鸡孵出的第一天起就给它植入 NFC 芯片，一直跟踪它的生长过程，它吃的饲料、添加的营养成分一目了然，这不仅可以帮助消费者做出购买判断，也有助于管理部门进行管理。

所有的这些感应信息都会被直接传送到管理系统中，云端的数据无法被篡改，从而保证食品在生产、运输、销售环节中都不出问题；即使出现了问题，也很容易发现是哪一个环节的问题，及时找到解决办法。

用智慧能力提升生产能力

在养殖过程中，智能化对生产效率的提高起着巨大的作用。运用智能感应的监测设备，每一个网箱都具有监测能力，对海水温度、污染物、海水营养、微生物都可以实时进行监测，定时把相关资料发送给相关机构，渔民参照和利用这些数据，自动进行水中投料，自动净化海水，管理捕捞和养殖的密度。

这些监测和管理，在近海的养殖基地，不可能用固网的模式来建立通信系统。采用 NB - IoT 和 eMTC 技术，用低频段的频谱是较好的方式。近海养殖还要对天气等进行管理，把网箱联动起来，在灾害天气出现时，自动进行加固、遮盖。通过这些手段，大大提升养殖的效率，提高海产品的品质。

除海产品之外，智能互联网技术也在畜产品中扮演了重要角色，在养殖、防疫、检疫、屠宰、流通、分销、无害化处理、畜产品安全、重大疫病预警等环节实现在线监管，实现畜牧业的资源整合。

牛的生长与其生长环境息息相关，环境质量变差会导致牛发育不良甚至感染疫病。对养牛场的温度、湿度、空气质量等环境变量进行统一监控，并通过物联网采集器实时传输到客户端，做到实时监控，可大大降低疫病的影响，让牛在一个健康的环境中生长。散养的牛也可通过在其身体上植入感应器和通信模块，实时监控它们的生活环境，监测它们的活动情况，看它们是不是有足够的运动。这些智慧养牛的技术，也可以用在智慧养猪、智慧养羊上面，目前这不只是一个设想，而是得到了广泛应用。

智慧化的养殖体系，远不是猪、牛、羊携带感应器这么简单。在养殖场中，风机的启动、水帘的控制、喂料器的启动，都需要通过对环境、场景的感知，由自动的管理系统来进行管理与控制。进行智慧化管理的前提是监测，把数据传到云端，在云端针对不同场景，对这些数据进行人工智能的分析，设置门限，达到门限时就进行工作。这些智能化的体系，如果没有通信能力，就无法实现，也无法正常工作。通信是传输监测信息、进行服务管理的中坚力量，没有通信，一切的智能服务都无从谈起。

用智慧能力提高管理水平

养殖是一个庞大的体系，有生产计划、生产统计、疫苗管理、用药管理、饲料管理、产品管理、采购信息管理、销售管理等非常多的环节，要让这些环节高效运转起来，需要智能管理系统。通过系统的管理，将生产、计划、成品、销售各个环节都管理起来，让以往规模小、经营粗放的养殖体系，成为一个有条理、有细节、管理规范的系统，这对养殖业水平的提升、效率的提高、防止在生产过程中出现较大的生产事故都有着举足轻重的作用。

这些智慧化的管理已经从大企业走向小企业，甚至是小的养殖场，智能手机成为重要的管理平台，通过一个 App，就可以把所有环节包括疫苗、用药都管理起来，还能在生产、用药的过程中进行实时提示和预警，减少问题发生的可能。

京东的智慧养猪包括生猪管理、生猪交易和生猪金融。其中，养殖管理的核心目的是利用互联网、物联网等技术，形成养殖大数据，结合现代养殖生产管理理念，帮助农户提升各种养殖生产效率。通过智慧管理，京东希望养猪能“缩短出栏时间 5～8 天”。通过这种大数据的管理，可以让每一个细节做到精细化，减少不必要的环节，让整个效率大大提升。

阿里巴巴也提出了ET大脑的管理模式，在智慧养猪过程中，ET大脑将为每头猪建立一套档案，包括猪的品种、日龄、体重、进食情况、运动强度及频次、运动轨迹等。这些数据可用于对猪只数量识别、猪群行为特征、进食特征、料肉比等进行分析，还可以结合声学特征和红外测温技术，判断猪是否患病，做出疫情预警。同时，由于养猪生产中的生长速度、繁殖性能、猪肉品质、料肉比等关键环节都将对养猪行业产生影响，大数据还能分析、筛选出哪个地区的猪种生长速度快、繁殖能力强、猪肉品质高等，通过机器学习的能力从根源上提高猪的配种分娩率、窝均产活仔数、哺乳仔猪成活率等，对生猪管理进行智能化、精细化管理，从而提高养殖效率。

在中国，智慧养殖远不只是设想，而是逐渐或多或少地渗透到养殖的很多环节中，在一点点完善起来，对生产效率、品质、管理、安全、销售渠道畅通都起了较大的作用，成为保障14亿中国人食品供应的基础。

工业互联网

互联网发展了几十年，逐渐从信息传输的体系转为生活服务的平台。智能互联网最大的特点，就是通信能力和工业制造的结合。在互联网几十年的发展历程中，其与工业制造的结合是一个重要的转折点，即从一个信息传输工具、社交工具真正转变为社会生产力的一个组成部分。工业互联网的出现与完善，意味着互联网正在发生质的变化。

在很长一段时间里，人们对工业互联网的理解还停留在信息传输层面，就是通过互联网建立一个庞大、高效的信息系统，在消费、供应、流通各个环节采集数据，使产品生产实现可定制化。其实这是工业互联网 1.0 阶段，即工业互联网的初级阶段。而工业互联网 2.0 是将智能互联网的能力加入到制造中，成为制造的一个组成部分。在这个过程中，智能化的能力取代了复杂、重复、枯燥的工序，在高温、高湿、高腐蚀、高噪声的有害环境里，用机器人来代替人工作，让工业制造变得更高效、更安全。这才是工业互联网的未来。

工业互联网 1.0：定制生产

工业互联网 1.0 最有代表性的是德国工业 4.0，这个概念在 2013 年汉诺威工业博览会上正式推出，其核心目的是提高德国工业的竞争力。这个提法和思路得到德国政府的支持，其后德国政府把工业 4.0 列入《德国 2020 高科技战略》所提出的十大未来项目之中。这个计划由德国联邦教育局及研究部和联邦经济技术部联合资助，投资预计达 2 亿欧元，旨在提升制造业的智能化水平，建立具有适应性、资源效率及基因工程学的智慧工厂，在商业流程与价值流程中整合客户和商业伙伴。

德国工业 4.0 是指利用信息物理系统（Cyber-Physical Systems，CPS），将生产中的供应、制造、销售信息数据化、智慧化，最后达到快速、有效、个人化的产品供应。

不难看出，德国工业 4.0 还停留在供应、制造、销售的管理层面，它是利用互联网的高效信息传输能力，建立起强大的大数据管理系统，达到提高效率的目的。德国工业界认为工业 4.0 概念是以智能制造为主导的第四次工业革命，是一次新的工业革命。在这个概念下，工业 4.0 项目建立了三大主题。

第一大主题是“智能工厂”，重点研究智能化生产系统与过程，以及网络化分布式生产设施的实现。智能工厂当时的主要思考还是通过大数据的能力和网络的能力，来实现智慧的生产管理，并没有追求把智能化的能力更多地应用到生产实践中。

第二大主题是“智能生产”，主要涉及整个企业的生产物流管理、人机互动以及 3D 技术在工业生产过程中的应用等。工业 4.0 计划特别注重吸引中小企业参与，力图使中小企业成为新一代智能化生产技术的使用者和受益者，同时也成为先进工业生产技术的创造者和供应者。在德国工业 4.0 提出时，智能生产在很大程度上还停留在物流管理、人机互动这些层面，对智能化在生产中扮演的角色理解不深。2013 年，4G 部署才刚刚开始，当时对移动互联网和智能互联网的理解还很肤浅，要使每一个生产环节都智能化起来，感应、通信能力都还不足。

第三大主题是“智能物流”，主要通过互联网、物联网、物流网，整合物流资源，充分发挥现有物流资源供应方的效率，而需求方则能够快速获得服务匹配，得到物流支持，即通过互联网的能力，提升物流资源供应方的效率，解决资源配置和信息传输各方面的问题。

工业4.0在2013年提出，在当时是全世界最先进的理念，对工业领域信息化和提升智能化能力起了较大作用。德国也调动更多中小企业参与到工业4.0中来。这在很大程度上是人类工业制造一次新的革命，让传统的工业制造通过互联网的能力，在生产、供应、物流管理上提高效率，形成强大的智能化的管理能力。

针对工业互联网，中国政府也提出了“中国制造2025”，它以体现信息技术与制造技术深度融合的数字化、网络化、智能化制造为主线，主要包括八项战略对策：推行数字化、网络化、智能化制造；提升产品设计能力；完善制造业技术创新体系；强化制造基础；提升产品质量；推行绿色制造；培养具有全球竞争力的企业群体和优势产业；发展现代制造服务业。

应该说“中国制造2025”是一个更加庞大的体系，不仅包含了工业4.0的努力目标和思考，而且它的九大战略任务规定了未来中国制造业的战略目标。实现这些目标，不仅会大大提升中国的制造能力，而且会提升中国的创新能力，改善中国制造业的结构，让中国的整个生产结构发生重大变革。

这九大战略任务包括：一是提高国家制造业创新能力；二是推进信息化与工业化深度融合；三是强化工业基础能力；四是加强质量品牌建设；五是全面推行绿色制造；六是大力推动重点领域突破发展；七是深入推进制造业结构调整；八是积极发展服务型制造和生产性服务业；九是提高制造业国际化发展水平。

“中国制造 2025”包括提升中国工业制造能力的整体思路，是在大战略层面对未来中国制造能力的整体思考与部署，对工业互联网缺乏更加细致的描述，相较于德国工业 4.0 来说更加宏观。

在 2013 年，人类对互联网的理解还停留在信息传输平台层面，希望通过这个信息传输平台，建立起定制化的管理体系，把信息搜集、信息分析、产品供应链管理、原材料管理整合起来，形成一个科学的体系，在定制化的基础上进行生产管理，这在一定程度上有点计划经济的色彩。这种定制化的思路在最初的工业 4.0 推动中非常有市场，众多的经济学家都在鼓吹定制化生产。

但是如果只把互联网的信息传输能力应用在生产规划、管理、物流的体系中，工业制造效率的提升则不会特别大，对工业的改造效果有限，在一定程度上还有较大的理想主义的成分，因为需要在消费端收集到足够的信息，把这些信息从无序的信息最终变为有序的、有价值的信息，这是一个较为复杂的过程。因此，从 2013 年到现在，我们看到的定制化生产并不多。总之，无论是工业 4.0 还是“中国制造 2025”，都为人类未来的工业趋势提供了一个新的视角，建立了一个新的目标和方向。与此同时，对工业互联网的理解，工业 4.0 还处于早期阶段，实际操作层面的能力并不足，这么多年过去了，所谓的定制化生产和制造并不多，我们还没有进入一个完全定制的时代。

对工业互联网的目标，我们已经从信息传输和管理，转而更加关注智能感应能力、人工智能对工业制造的渗透，这就是工业互联网 2.0，一个真正的智能制造时代。

工业互联网 2.0：智能制造

工业互联网 2.0 是把生产管理互联网化和生产制造智能化结合起来，通过互联网进行信息传输依然重要，但远不再是信息传输，而是把智能感应、大数据和人工智能的能力结合起来，应用到智能制造中去，把制造的一切环境都改造成智能化的环境。感应器、机器人和 5G 通信能力将成为工业互联网 2.0 的重要组成部分。

对于工业制造而言，最需要解决的问题就是效率要提高，成本要降低，生产能力要加强，生产品质要提升。要解决这些问题，单靠人员培训是不可能做到的，需要通过智能化，用机器来代替人力，避免人的效率较低、无法长时间重复做一项工作等弊端，达到很多人无法实现的精密和细致，通过规模化生产来降低成本。

智能制造就是要把更多的新技术整合起来，整合到工业制造的过程中去。智能制造对精密、安全、效率的要求，大大提高了对网络的要求。智能制造由大量的信息技术共同构成，形成一个体系。这些技术包括：

传感技术：高传感灵敏度、精度、可靠性和环境适应性的传感技术，采用新原理、新材料、新工艺的传感技术（如量子测量、纳米聚合物传感、光纤传感等），微弱传感信号提取与处理技术。

模块化、嵌入式控制系统设计技术：不同结构的模块化硬件设计技术，微内核操作系统和开放式系统软件技术，组态语言和人机界面技术，实现统一数据格式、统一编程环境的工程软件平台技术。

先进控制与优化技术：工业过程多层次性能评估技术，基于大量数据的建模技术，大规模高性能多目标优化技术，大型复杂装备系统仿真技术，高阶导数连续运动规划、电子传动等精密运动控制技术。

系统协同技术：大型制造工程项目复杂自动化系统整体方案设计技术以及安装调试技术，统一操作界面和工程工具的设计技术，统一事件序列和报警处理技术，一体化资产管理技术。

故障诊断与健康维护技术：在线或远程状态监测与故障诊断、自愈合调控与损伤智能识别以及健康维护技术，重大装备的寿命测试和剩余寿命预测技术，可靠性与寿命评估技术。

高可靠实时通信网络技术：高可靠无线通信网络构建技术，工业通信网络信息安全技术，异构通信网络间信息无缝交换技术。

功能安全技术：智能装备硬件、软件的功能安全分析、设计、验证技术及方法，建立功能安全验证的测试平台，研究自动化控制系统整体功能安全评估技术。

特种工艺与精密制造技术：多维精密加工工艺，精密成型工艺，焊接、粘接、烧结等特殊连接工艺，微机电系统（MEMS）技术，精确可控热处理技术，精密锻造技术等。

识别技术：低成本、低功耗RFID芯片设计制造技术，超高频和微波天线设计技术，低温热压封装技术，超高频RFID核心模块设计制造技术，基于深度三维图像识别技术，物体缺陷识别技术。

通信技术是把各种能力整合、连接起来的基础，只有具备了高品质的通信，才能让感应器、识别、各种可靠性评估变为现实。所谓高可靠的核心，就是通信的低时延，既要做到低时延，又要进行柔性部署，只有 5G 才是最适合的技术。如果没有低时延的通信技术，就无法及时把感应的数据上传，也无法实现实时的跟踪、诊断、协同。

工业互联网 2.0 的价值在于，不仅是利用互联网的信息传输能力来做生产规划，把互联网信息传输的能力充分和工业制造结合起来，更为重要的是，智能感应、大数据、智能分析、信息通信的能力要参与到工业制造的过程中去，成为智能制造的一个组成部分。

智能制造最重要的运用有以下两个场景，一个是不适宜人类长期生存的场景，另一个是需要进行较多柔性部署的场景。

在工业生产过程中，高温、高湿、高噪声、高腐蚀、高电磁干扰等场景，不适合人类长时间工作，在这样的环境下，需要用机器来代替人力。传统的机器要自动进行远程管理、控制、智能操作，必须要让机器有通信能力，从而进行大数据的收集，让数据高效传输，在这个基础上进行分析、训练、智能学习，最后形成智能化的能力。同时，低时延的通信才能让操作和控制更加精准。

笔者曾经去过浙江新凤鸣化纤有限公司考察 5G 在工业生产中的应用，这个公司生产 POY 系列涤纶长丝、FDY 系列涤纶长丝，生产车间是高温、高湿、高噪声的环境，在这样的生产环境下工作对身体健康损害很大，但是如果没有工人进行巡视，形成的飘丝、漂杂就会造成每年几千万元的经济损失。以前的解决办法就只能是由工人定时巡检，不仅出现问题不容易及时发现，会造成经济损失，而且工人也不愿意在这种对身体损害较大的环境中工作。5G 商用后，采用机器人和高清摄像头进行巡检作业，一方面大大减少了飘丝和漂杂的出现，即使出现飘丝和漂杂，也可以及时发现，大大减少了经济损失；另一方面解决了招工难的问题，减少了环境对工人身体的损害。这就是典型的工业互联网 2.0 场景，它大大降低了成本，提高了工作效率，更好地保护了工人的身体健康。5G 的大量应用，可以帮助减少恶劣环境对人的伤害。

5G 还被广泛应用在柔性部署的生产线上。我对手机的生产线非常熟悉，十几年前的手机生产线，一条生产线需要 350 名员工，从投料到完成，需要大量的人工来完成生产。这个过程存在大量的重复劳动，由人来操作，不仅效率不高，还会出现错漏，影响产品的生产质量。

由机器人取代人工是未来生产的必然方向。今天华为公司的一条手机生产线，员工已经从 128 人缩减到 35 人、28 人、19 人，大量的工作环节都由机器人取代了，获取同样甚至更高的产量，所用的人数下降到只有以前的 1/10，生产效率大大提高了。同样的一个工序由人来执行，总会出现错误，千万次的重复错误率更高，但是用机器人就不会出现这种情况。智能化的生产线并不是新鲜事物，它已经在一些大企业中越来越多地投入应用。

5G对智能制造的价值不是让智能制造得以实现，其实用电缆、光纤、Wi-Fi都可以进行智能制造生产线的部署，4G也可以提供基本的通信能力。5G的价值在于中小企业可以进行柔性部署。一条生产线，很少可能是生产上百万部手机的生产线，而是可能要生产各种产品的生产线，今天生产空气净化器，一周后可能生产加湿器，再一周后可能生产电风扇。这样的生产线，如果采用固网来构建，进行安装、调试就需要很长的时间，也需要较高的成本。5G不需要给每一台机器人拉线，可以在任何一个有通信模块的地方通信，让一台“死的设备”变成“活的智能机器人”。

5G的价值还在于，低时延保证了操作的可靠性，大容量接入实现了智能管理和控制。一个车间可能会有数条生产线，一条生产线有几百甚至上千台设备，那么在一个车间里就会有几千个甚至更多的连接。这么多的连接不可能用Wi-Fi来支持，因为每一个Wi-Fi路由器都无法支持大量的连接，也不可能在一个空间里通过多个路由器进行有效的管理和分配。4G也有同样的问题，基站支持的接入数量非常有限。只有通过5G，才能实现高速度、低时延，以及大容量接入。对于工业互联网而言，高可靠的性能，在有限的空间里实现大量接入是必需的，这些以前做得不够，很重要的原因就是其他移动通信能力无法做到有限的空间里大容量的接入。

工业互联网从1.0向2.0过渡发展，具有特别重要的意义。中国要成为世界上最强大的制造基地，就必须建立起新型的生产能力，这个能力既需要工业互联网1.0的资源管理与产销管理，又需要工业互联网2.0的智能制造，而5G在智能制造中扮演了一个不可缺少的角色。

在2020年这场疫情中，江苏苏州盈玛精密机械有限公司当时需要立即开工生产，而工人们大都不能及时返厂复工，这时负责人袁传伟一个人扛起了一条生产线，日夜不停地进行零件生产，因为机器是自动运行的，他只要进行编程和管理就行了。也许这样一条生产线未必用得上5G，但是未来的生产线一定会通过5G让产业变得更加强大，甚至具有远程管理能力。

智慧物流

物流是保证社会效率和能力的基本力量，它渗透到社会每一个角落，像毛细血管，给整个肌体提供营养，保证社会正常运行。2020年这场疫情，武汉封城，全国很多地方也进入封闭的状态。在这种情况下，要在一个相当长的时间里保障数亿人的正常生活，是一件极难做到的事，而中国的物流系统基本保证了生活物资的正常供应，维护了社会稳定。

物流系统的智能化是物流公司的核心竞争力。在快递业务发展之初，物流公司之间的竞争除了价格、仓储、运输成本之外，建立一个智能管理系统十分关键。

正是由于建立起了一个强大的物流管理系统，今天在中国的物流体系中，每一件商品现在到了什么地方，在什么位置，由谁来进行投递，什么时间可能会送到，都可以在系统中进行查询，这就保证了物流的安全、高效、可追踪、避免差错，让物流成为一个高效的体系。今天的物流管理系统已非常强大，成为各大物流公司的核心竞争力，成为它们管理体系的一部分，也成为普通人日常生活的一部分，因为任何一件快递都可以在订单下达之后随时查询，直到签收后进行评价。

今天所有干线的运输、仓储、发运、分拣、分发都已经实现了智能管理，一个没有实现智能管理的物流公司不可能拥有足够的竞争力，也很难在残酷的市场竞争中立足，因为这样的公司没法实现管理和运营的高效率。

随着5G的发展，人类一定会建立起一个更加高效的物流体系，在今天干线智能化已经很好的情况下，解决“最后一公里”的物流畅通，让递送更加高效、安全、低成本。

目前物流“最后一公里”面临的主要问题如下所述。

较高的人力成本

目前“最后一公里”投递都依靠人力，货物被送到投递中心，再由快递员送到用户家中。今天中国的快递员人数超过300万，月薪超过6 200元，每年仅快递的人员开支就达上千亿元。随着人力成本的提高，依靠人力来解决“最后一公里”投递的成本会越来越高，这对于快递企业是一个巨大的负担，也在一定程度上制约了物流业的发展。

在经济比较发达的国家，人力成本非常高，如果采用不断增加人力的办法来提高生产能力，就意味着生产成本会不断增加，在价格无法大幅度提升的前提下，提升服务，保证服务品质都将成为空谈。因此，在这些国家，物流能力较弱，用户购买的商品无法及时送达，买一件商品，要几天甚至几周才能送达，用户体验非常不好，一些急需使用的商品不可能在线上购买，因而大大抑制了用户使用电子商务，最后导致电子商务发展较慢。同时社会成本很高，每一件商品通过生产、仓储、批发再到渠道，中间流通环节成本高昂，需要采取生产到销售较为扁平的模式，减少中间环节，降低社会成本。

因此，要提升物流的水平，必须想办法降低人力成本。

较大的安全隐患

大量采用人力来完成“最后一公里”的递送，存在较大的安全问题。为了尽快送达避免差评，也为了赶时间挣更多的钱，很多快递小哥不遵守交通规则，骑着电瓶车在人行道上快速穿行，给交通安全带来巨大隐患。2019年上半年，上海市共发生涉及快递、外卖行业各类道路交通事故325起，造成5人死亡，324人受伤，也就是说基本上每天会有两起涉及快递、外卖业务的伤亡。

有些快递人员利用投递到家的便利，实施抢劫、盗窃等犯罪行为，给社会带来一定的不安定因素。要解决快递小哥自身和对社区造成的安全隐患，短时间内办法不多。

用户体验需要提升

用户需要快递小哥把商品递送到自己家中，但用户不可能随时都在家里，快递小哥也不可能只在大家下班的时间工作，用户自提又给用户自身增加了麻烦。在上班时间，快递小哥就有可能无法完成投递，这些无法完成的投递增加了快递小哥的成本。将商品放在用户的家门口，容易丢失，后续可能产生较多的纠纷，影响用户体验，也影响快递人员的收入。

此外，这次新型冠状病毒肺炎疫情对无接触式投递提出了更高的要求。

虽然我们可以通过管理来实现一些提升，但要根本性地解决物流“最后一公里”所面临的各种问题，必须用智能化建立起一套全新的物流系统。这个系统将会把智能感应、无人送货车、安全系统融合起来，形成一个用无人送货系统建立起来的智能物流系统。

为了解决“最后一公里”的投递问题，亚马逊等公司一直在探索用无人机送货。然而，这个想法要变成现实，面临较为复杂的空域管理，同时也需要家中有人来接收快递。

当前，采用无人送货车建立起一个智能物流系统更为现实。这样一个系统可以通过智能分拣中心、智慧轨道系统、无人送货车、智能管理系统等一系列智慧系统来实现。

物业公司自建智能分拣中心

在中国的各大城市活跃着多个快递公司，如果每一个快递公司都在小区里建设自己的分发中心，需要租场地，需要建立管理系统，然后由自己的快递员进行投递，投资很大，成本也高。快递公司也可以把这“最后一公里”的投递业务包给个人投递站，支付费用，由投递站去投递。但投递站一样需要租场地，也需要较高的成本。

在智慧物流体系中，可以由物业公司自建分拣中心。所有快递公司的快递，只需要运输到物业公司的分拣中心，由物业公司进行投递，快递公司则向物业公司支付投递费用。物业公司自建分拣中心，无须租借场地，用自己的场地就可以，也解决了多个物流公司在小区建投递站，大量的快递车在小区中穿行的管理问题。

由物业公司自建分拣中心，可以实现双赢：一方面让管理变得更加方便，为物业公司带来更多的收入；另一方面物流公司可以减少成本，提高效率。

建立起通往每家每户的数码轨道

把一件商品从物业的分拣中心通过无人送货车送到每家每户，必须解决定位的问题。采用 GPS 和北斗之类的卫星定位，一是不够精准，二是在楼道、电梯这些位置接收不到信号，不太可行，应该铺设从分拣中心到每一个家庭的数码轨道。

数码轨道并非实际轨道，采用的是无源感应数字标签，比较有代表性的是 RFID 标签。这种标签在一个较为封闭的小区道路中很容易铺设，成本也不高，无人送货车可以读取这些标签上的位置信息，判断自己所处的位置，通过这样的轨道确定方向，按照一串数码信息形成轨道，最后到达用户家中。

从分拣中心到每一个用户家中建立数码轨道，只需要在主路上通过磁钉，而在非主路上用贴纸就可以完成。这样的一个系统灵活，成本低，对用户的日常生活没有任何影响，也不存在影响安全和美观的情形。

无人送货车送货

分拣中心自动分拣出来的快递，不再由人，而是由穿行在小区里的无人送货车运送。这些无人送货车沿着数码轨道前行，只要前方感应到有人或障碍物，它就放慢速度，避免与人或障碍物碰撞。无人送货车上安装了多角度的摄像头和语音交互系统，在碰到障碍物并需要交流时，也可以通过这个系统进行交流。

无人送货车可以自己通过缓坡进入楼道，进入电梯，在电梯中自动向电梯控制程序发射信号，就可以实现按电梯楼层的功能，最后到达用户家门口，自己卸下货品，并向用户发送信息，等用户确认信息之后，转身离开，去完成下一单业务。

无人送货车将商品送到用户家中，如果用户不在家，就给用户发送信息通知用户已经把商品送到了门口，并启动无人送货车上的摄像头，让用户在手机上查看周边情况，用户远程打开电子门锁，无人送货车进入室内，放下商品，然后退出。

在一个封闭的小区中，用无人送货车确实没有无人机炫酷，但在技术上实现却非常容易，成本也很低，建立数码轨道远比无人机进行空域飞行申请要容易，存在的安全隐患也小，在人员密集的小区内，无人机如果坠毁，很可能造成人身伤害，而行驶在小区里的数码轨道上有障碍物识别功能的无人送货车安全方面的问题则要小得多。

建立起一个封闭小区中的智慧物流系统，可以大大降低运输成本，减少各种安全隐患，提升用户体验，甚至建立起新的商业模式与管理模式。

要建立小区的智慧物流系统，5G的价值非常大。这样一个系统要进行定位，无人送货车要进行管理，发现障碍物要反应，要进入楼道，进入用户家中，还要和用户进行远程交互，让用户清楚无人送货车的行程，这些不仅需要大带宽、高清晰的视频信息，也需要低时延的能力，更需要大容量接入的支持。只有5G才能支持这样强大的智能化能力。

智慧物流系统的建立，会成为支撑一个社会的强大体系，对社会运作影响巨大。今天我们正在经历一场巨大的疫情，如果有一个强大的智慧物流系统，做到无接触式送货，不仅可以大大减少感染，减少病毒对我们的侵害，同时还可以进行有序的物资分配，保证隔离中人们的物资供应。如果有这样一套系统，则会大大降低封城对社会运作的影响，在一定程度上甚至会降低封城对社会经济的影响。

只是我们今天还没有这样一个强大的物流系统，相信随着5G的建设完成，这个系统会逐渐建设起来，成为社会运行的重要支撑。

第七章　5G 与社会管理

社会管理从来都是新技术应用最广泛的一个领域。也许我们并没有过多地去关注，但是这些技术悄然出现在我们身边，并一点点地改善了我们的生活，而且技术的力量非常强大，很多应用产生的效应远超出我们的想象。

今天在中国已经有 5 亿个摄像头被安装在大街小巷，一般人都知道我们周围有很多摄像头，也知道数量不少，但是很少有人会想到有这么多。这些摄像头真真切切地改变了我们的世界，大量的摄像头让交通违章付出代价，司机们不敢随意违章，甚至让中国成为全世界社会治安最好的大国。20 年前，我们还经常听到较多的恶性社会治安案件，今天这样的事就少了很多。甘肃白银 1988 年至 2002 年的 14 年间发生了多起恶性连环杀人案，这个杀人恶魔后来终于收手，据他自己被抓获后供认，因为街头的摄像头太多了，他不敢再干。今天差不多90%的刑事案件的侦破都是依靠摄像头来完成的，社会管理能力变得更加强大。

2020年的全球疫情，更可看出智能化的社会管理能力对现代社会的价值，只有具备了强大的社会管理能力，才能让整个社会的运行安全、顺畅。

所以，我们经常会听到这样一句话：疫情之前，我们说5G，都是梦想；疫情之中，我们说5G，都是刚需。

从疫情看5G在城市管理中的价值

我们生活正常时，对新技术的要求是很低的，但是重大社会事件的冲击会让我们深刻地感知到我们社会管理能力、效率的不足，而这一切要提升，只有一条路，那就是通过技术来提升能力、提升效率，保证社会管理的高效运转。

在疫情中社会管理对移动通信能力的需求，并不一定完全要依靠5G，有一些能力4G、Wi-Fi和固定网络都可以支持，但是如果这些网络能力换成5G，部署就会更加容易，效率就会更高，用户的体验和感受就会更好。在4G网络下，如果提供高速率的服务，可能会导致整个网络崩溃，无法实现大量用户使用。但是在5G网络下，服务商就有可能提供更高清或更复杂的服务，因为“最后一公里”已经打通。

2020 年抗击疫情中，移动通信网络扮演了重要的角色。正是因为有了强大的网络体系，才保证了疫情中社会信息畅通、社会正常运转，在封城这种极端情况下能够平稳度过。中国数亿孩子都能上网课，而美国却只有一半的孩子能上网课，这是因为另一半的孩子没有网络，或者网络过于卡顿，效果太差。

除了上网课这些基础能力，我们很快看到其他很多信息通信能力在疫情中使用。如果没有这些信息通信能力，我们不知道今天的疫情会严重到什么程度。

健康码

面对新型冠状病毒肺炎这种传染性极高的传染病，要做好管控，最重要的一件事就是要确定一个确诊的病人在什么地方活动过，和什么人有过交集。即对于一个普通人来说，他到某个地方时是不是和确诊病人有过交集，这需要明确掌握，从而确定此人需不需要做检查、做隔离、做安全防护。

一个普通人要去上班，进入人员密集的办公楼，就存在交叉感染的危险。要尽可能地避免这种危险，就需要知道这个人到过什么地方，他是不是安全的。过去要获得这些信息，需要申报与查问，要花很长的时间，会影响效率，而且被查问的对象可能会撒谎，导致无法得到真实的信息。

健康码很好地解决了这个问题。今天我们每一个人都带着手机，通过手机可以进行基站定位，也可以进行 GPS、北斗定位，一个人到过什么地方，在手机上都会有位置记录，只是这些记录我们平时并没有过多关注罢了。

健康码就是在注册之后，通过你的手机，记录你什么时间去过什么地方。有了这些信息，就可以方便地进行比对，开展识别和认证工作。通过健康码如果发现没有进行有效的居家隔离，去过疫区，就不能进入工作区域，也不能到处乱跑。

健康码还有一个非常重要的功用，就是一个确诊病人，他什么时间去过什么地方，在这个地方和什么人有过交集，通过追踪系统，都可以把相关人员找出来，通知他们进行隔离。这对于封堵疫情、把病毒的传染降低到最小范围，起到了非常好的效果。

在抗击疫情的过程中，健康码成为每一个中国人生活、出行的重要助手，对流动人员的管理、抑制病毒的传播起到了至关重要的作用。在疫情之前，如果这样通过定位来随时了解人员活动情况，可能会广受争议；但在疫情中，它确实起到了较好的防控作用；疫情过后，对这样的数据信息应该怎么管控，还会进行讨论，甚至需要有相关的法律法规进行规范。

健康码并不一定需要 5G，但它是智能互联网系统的一部分，需要移动通信、智能感应、大数据。

中国除了武汉之外，其他城市新型冠状病毒肺炎的确诊人数都较少，这是外国专家不能理解的，其实道理很简单，就是当一个病人确诊后，马上就可以追踪到这个人的活动轨迹，他和哪些人接触过，并对密切接触者进行隔离观察，这在很大程度上截断了病毒传播的源头。目前有这样一个追踪系统的国家很少。很多国家出现了确诊病人后，他和哪些人接触过，没有人知道，也不可能对密切接触者进行隔离观察，如果有人受到感染，就会成为一个新的传染源。

我国之所以能在较短时间内控制住病毒传染，离不开组织能力和技术的共同作用。

无接触式测温

在疫苗没有研发出来之前，所有对新型冠状病毒肺炎疫情的控制都不是来自医学，而是来自组织管理，而组织管理的基础是技术。世界各国对于中国在较短时间内一下子就控制住了疫情很难理解，它们看着本国不断增加的确诊病人、不断增长的死亡数字，会怀疑中国的感染人数不真实，会想我们都做不好，中国怎么会做得好，中国的数据一定是造了假。

在世界一般人眼中，包括中国人眼中，高技术还是欧美更加强大。但是一项高技术如果不能转化为生产能力、管理能力、服务能力，就谈不上是高技术。

应该说，在应用层面把技术和生产融合起来，迅速形成产品和服务，中国这方面的能力非常强大，效果也是非常明显的。

疫情期间防止疫情扩散，要在公共场合进行多次测温，体温超标的人可以随时查出，及时隔离，防止他继续进入公共场合形成交叉感染，这样一方面减少了公共场合的感染风险，另一方面也能及时发现被感染者，进行及时救治。

大规模的体温检测需要耗费大量的人力，也需要尽可能地做到不遗漏。在疫情期间中国普遍采用两种方式，一种是远距离红外测温，另一种是用手持设备进行测温。几乎每一个村口、小区门口、办公楼入口处都会有人手持设备进行测温，而机场、车站大量采用了远距离红外测温，这个体系支持了大部分情况下对发热人群的筛查，保证了基本安全。

在有较大规模流动人口的情况下，要做到无接触式体温筛查，需要较为复杂的智能处理能力，才能通过测温把一个群体中不同的人识别出来，通过和标定数据对比，来确定此人是否体温超标，是否需要发出警报。

最极端的例子是甚至出现了无人机测温，让家里的所有人站在阳台上，通过无人机来识别、测温。这样的例子并不多见，也未必非常有实用价值，但是广泛地测温在很大程度上让筛查成为现实，能尽可能地找出发热病人，有效地保证了公共场合的安全。

远程会诊

以往说到 5G 应用时，我们都会举远程手术这样需要较高速率，又需要低时延的业务，其实在疫情中，远程会诊是最常出现的 5G 应用。

在雷神山、火神山医院建设之初，中国移动、中国电信、中国联通和华为、中兴等公司就为医院建设了 5G 网络，因为给每一间病房或办公室拉网线过于复杂，工期也会更长，而且 Wi－Fi 支持的设备数量有限，有些角落的覆盖也不好，还无法支持连续覆盖。4G 网络远远支持不了大量的数据要求和多用户接入。5G 的数据能力是 4G 的 20 倍，可以大大满足用户的需求。

典型的远程会诊基本上采用了视频会议的形式，疑难病例由多学科专家会诊，钟南山院士就参加了一个病人的三次会诊。视频交流会传递出比电话会议更丰富的信息，除了语音之外，环境、表情、手势、体态都成为更多信息传输的介质。更为强大的会诊系统还支持病历、胸片的传输和播放，专家得到的信息会更加全面，了解的情况也更加直观，可以做出更加准确的判断。

一些远程会诊业务并不需要专门的系统，医生会利用现在的视频功能，通过 5G 的能力，建立起简陋但是非常有价值的远程会诊。有一个真实的案例，当时雷神山医院的一位医生已经下班了，他回到酒店正要休息，这时医院里一个病人的呼吸机出现了问题，病人的情况非常严重，护士马上呼叫这位医生，用自己的手机开通了视频通话功能，通过视频把监视器上病人血氧饱和度、心率等数据直播给医生，医生根据这些数据进行判断，指导护士进行操作，差不多做到了医生在现场根据情况指导护士的效果。

这种远程会诊并不是特意建立的专门系统，但正是因为有了 5G，有了高清视频的支撑，医生和护士才能在突发事件中将我们平时的视频通话转化为远程会诊，起到了极好的效果。这样一个临时的应用，体现了远程会诊的需求，首先必须要有高清视频，这是承载更多信息、传递各种信息的重要载体，语音是远远不够的；其次也需要语音来完善信息；最后必须要有及时的交互能力。当然我们还需要更多的支撑能力，甚至感应能力。

这样的远程会诊，今天已经不是概念，而是在疫情中得到了广泛的使用。5G 的能力更好地支持了高清视频，支持了更多用户的接入，让远程会诊成为一项普遍使用的实用服务。

视频与情感交流和心理安慰

从 3G 开始，移动通信开始有视频通话功能，但视频通话并没有成为一项特别有价值的业务。一方面，在很长一段时间里，视频通话的效果并不好，经常卡顿，音质也不够好；另一方面，视频需要较多的流量，流量费较高，尤其在 3G 时代不会有人使用视频通话。一般情况下，普通人对通话的要求没有那么高，只用语音就可以了。

但是在疫情期间，视频通话对情感交流和心理安慰却有着非常重要的作用。在方舱医院的轻症病人甚至是一些重症患者，需要更多的心理疏导，这就需要心理医生和病人近距离进行较长时间的一对一交流。心理疏导最好的方式当然是面对面，但是在疫情期间，心理医生对新型冠状病毒肺炎患者做心理疏导，不可能穿着隔离服坐在病床边，于是视频通话就成为一种重要的模式。

在很长一段时间里，电信运营商推广视频通话，效果都不够好。3G 时代网络不行，支持视频通话的功能很差，基本无法达到较好的沟通效果。4G 时代视频能力有了较大的提升，但要支持在人员集中地区大量使用视频功能，显然还做不到。微信的视频通话功能，因为面向的不仅是 4G 用户，还有 3G 用户，用户一多就会出现拥堵，因此在服务端就采用了较低的品质，用户使用视频通话的效果并不是特别好。

5G 的加入，将大大解决视频品质问题，也将很好地保证声音质量。在一个地方，5G 提供的带宽差不多是 4G 的 20 倍，这种强大的能力保证了大量用户可以用较为清晰的视频进行无卡顿、无时延的实时交流。这种能力带来的影响是惊人的。

因此，在疫情期间，那些在疫区和外界交流的人，会更喜欢采用视频沟通，医院里的病人和家人之间、心理医生和病人之间，都会采用视频进行沟通和交流。和语音相比，视频承载的信息更多，传递的感情更加丰富，这是简单的信息平台无法达到的效果。

无人机

疫情期间，我们看到了城市管理中很多无人机的应用。以前大家看无人机，还觉得是有钱人的玩具，或是庆典期间表演的一个工具，在城市管理中的作用似乎并没有那么明显。

目前，无人机比较便宜，功能非常强大，从开始封城之日起，它早已不再是一个炫耀和展示的工具，被广泛使用在疫情期间的城市管理中。

我们最早看到的是无人机被用于封城的管理与巡查。封城之初，很多地方并不明白疫情的严重性，不戴口罩上街，甚至还在房顶上、野外摆起了麻将桌。对于这种情况，我们看到印度的警察是拿着木棍在街头，狠打不戴口罩上街的人的屁股；而在中国的一些小镇上，是用无人机进行巡查，对没有遵守相关管理规定的人进行提醒，突然在空中喊话，还是很有冲击力的。

无人机效率较高，能在短时间内按照一定的轨迹对一个镇子进行巡查，不需要聘请较多人员，成本较低。我们经常看到的情形是村支书自己一个人在操作，无人机成为巡查人员，也成为村中的大喇叭，还可以用图片和视频来进行记录。无人机在封城巡查的新闻中多次出现，成为疫情管理中的一景。

疫情期间无人机能用上 5G 的并不多，其实它对高速度网络通信有很高的要求，无人机拍摄到的情况需要及时传送到控制端，高速度、低时延的 5G 具有最好的通信能力，如果能够采用 5G，那么安全性、稳定性都会更好，能做的事情也会更多。

除了巡查之外，无人机也被用来送货。在特殊的场景下，用无人机运送药品和医疗器材，既方便，又高效。无人机甚至还被用来量体温、给工地照明。

无人送货车

电动、小型、灵活的智能管理，带有多个智能感应器，这样的小车在疫情中被广泛使用，比如在小区里买菜，用来送货。当然最为典型的应用是在隔离的酒店中，给大家送各种物资。在酒店的楼道里，环境很简单，识别起来非常方便，不同的房间有不同的要求，比如水、食品、药品等，这样一方面减少了管理人员的工作量，另一方面也减少了人与人之间的交叉感染。这样的无人送货车，技术不复杂，效率很高。

在隔离医院，无人送货车担负了重要工作。一些医疗物资要从外面送进红区，用人不但会增加感染的危险，还会浪费宝贵的防护服，同时需要花费较多的时间，一个医护人员穿上防护服需要花较多的时间，出来要脱掉防护服，进行消毒，也需要花费较多的时间。无人送货车在携带了物资之后，按一定的路线进入红区送货，它不怕感染，也不用消耗宝贵的防护服，出了红区只要进行全面消毒就可以。

无接触式送货车既方便，技术要求也不高，提高了效率，减少了接触。与5G融合后，无人送货车的运行轨迹、定位、遥控能力会大大增强，对于应急管理和处置都有很大的用处。相信随着5G的到来，无人送货车的应用会更加广泛。

服务机器人

服务机器人在疫情中得到了较多的使用，而且用在多个不同的场景，中国电信、中国移动、中国联通三家电信运营商以及华为等企业都捐助了各类服务机器人。

最简单的机器人应用是在医院、隔离点的导诊机器人，简单的感应、不大的活动空间、一点点交互，就可以为病人提供基本的导诊服务，告诉大家基本的防疫知识，指路，提供基本信息。

扫地机器人是在疫情中最有使用价值的机器人，这种机器人不是我们家中普通的扫地机器人，而是有着巨大的身躯，它活跃在医院、办公楼中，一台扫地机器人可以代替 4 个人工作。通过 5G 网络的管理，扫地机器人还可以进行编程。经过编程，它会每天一丝不苟地清扫自己负责的每一个区域。通过编程，多台扫地机器人还可以进行编组工作，形成一个组合，对写字楼、医院等地方进行清扫。

在未来，街道上会出现可自动清扫的机器人，它的效率远比人高，只要编好程序，工作起来则一丝不苟、不会偷懒，可以把清洁工人从繁重的体力劳动中解脱出来。当大量采用时，它的成本甚至会远远低于人的成本。

疫情期间，对感染区、半感染区进行定时消毒，是一项需要不断进行的重复劳动，对人的身体也是很大的考验，穿着防护服非常不舒服，不穿防护服又可能会感染病毒，影响身体健康。由消毒机器人定时按照一定的轨迹，对一定的范围进行消毒，既安全，又高效，能做到该消毒的地方无死角。这些机器人的大规模采用，大大提升了防治新型冠状病毒肺炎的效率和能力，减少了交叉感染。

战胜新型冠状病毒这种人类从来没有面对过的病毒，一靠强大的社会动员能力、组织能力和管理能力，二靠科技力量。

对于某个已经发病的病人，医护人员需要对其进行治疗，但是要把整个疫情压下去，就需要运用各种科技力量，通过组织管理能力，逐渐阻断病毒的传播渠道，将其消灭。在这个过程中，科技力量是管理效率、组织能力的基础。全世界在发现新型冠状病毒之后，在面临疫情暴发的情况下，能迅速封城、对病毒进行全面围堵、在两个月后开始走向正常状态的只有中国，在中国这个能力的背后，除了政府的决断能力、人民的团结一致，非常重要的一点便是，强大的技术支撑力量起到了重要作用。

所有这些技术力量，如果和 5G 结合起来，会极大提升能力、提高效率、降低成本。疫情过后，中国将迎来一波 5G 建设高潮，从中央政府到地方政府，都把 5G 部署作为一个战略重点。大家都明白，通信能力的支持，将是智能化的基础，要做到智能化，必须通过 5G 这样强大的力量建立起一个畅通的信息体系。5G 将逐渐成为社会管理的基础，极大提升社会管理能力，这也是行业的共识。

智慧安防

安全感是人类的基本要求。社会管理中非常重要的一点，就是为人类所需的安全感提供实际保障。城市管理中非常重要的一点，就是为市民提供安全保障。安全是全世界任何一个国家都需要考虑的头等大事，没有安全感的国家，是没有希望的。

曾经中国也有过较多的安全方面的问题，但今天中国是世界大国中社会治安最好的一个国家，无论是世界上哪个国家的人，在中国都有强烈的安全感。另外，恶性案件也有较大幅度的下降。原因是多方面的，有经济、政治、文化的影响，也有社会管理能力的作用，其中科技的力量在社会管理中扮演了极为重要的角色。

十几年前，在中国还有“飞车党”，不良少年在大街上飞车，以女性为主要对象实施抢夺，不仅造成大量的财物损失，还造成了很多伤亡，同时极大地降低了人民群众的社会安全感。

今天，多数中国人已经忘记了“飞车党”这个词，因为这种犯罪已经基本绝迹。之所以大家忘记了“飞车党”，犯罪分子不敢再作案，一个重要的原因是，今天在中国的街头巷尾安装了 5 亿个摄像头，90％的社会治安案件都是依靠摄像头破解的，包括一些引发强烈社会舆论的社会事件。

智慧安防在智慧城市管理中扮演着重要角色，随着 5G 的到来，将智能感应、大数据、人工智能的能力融合到安防产品中去，可以产生很多我们以前很难想象的新概念。

智慧安防将从一般性的监控走向复杂的感应

智慧安防以往主要的功能建立在利用摄像头进行视频监控

上。但利用摄像头进行简单的监控，需要通过人工进行观察，视觉是最为核心的能力。

随着技术的发展，在智能互联网体系中，更多的感应能力将会被加入到智慧安防中去，这些感应能力将补充视频能力的不足，形成更为强大的综合能力。

位置。位置能力一定会被加入到所有的安防产品中去。一个摄像头，它是否在工作，在什么位置，通过多种能力提供定位后，才能在大量的摄像头中远距离地调用视频。大量的各种设备，要想在短时间内调用数据，必须要有位置信息。位置将是未来一切安防产品的标配，除了通过GPS或北斗进行定位之外，还可以采用通信基站甚至是某些编码进行定位。

有了定位的能力，才能在众多的感应信息中，确定这个信息是在什么位置发出的。其实在较老的安防系统中已经加入了位置信息，一个十字路口发生了交通事故，交警需要去查看附近的监控进行确认，只是这个位置不是通过技术手段获取的，而是人工直接去确认。

位移。位置的移动可以用在很多监测中，比如滑坡，桥梁、公路、铁路的安全。以前主要通过视频进行对比，现在通过埋放定位器进行精准测量，通过对位移的监控，可以有效防止出现重大恶性事故。

环境。温度、湿度、噪声、PM2.5、气味、甲醛、TVOC、臭氧等大量的数据，可反映气候、公共安全状况，以前对这些数据的采集只是选择极少的点，信息量远远不够，而智慧安防产品却可以把多种采集方式整合进去，以保证公共安全。

智慧安防产品会形成更多的形态

目前我们的智慧安防还是以单一的视频监测功能为主，随着技术的发展，可以把更多的能力整合到智慧安防中去，解决各方面的问题。今天这些能力已经用到智慧井盖上，通过在井盖上安放感应器，可以监测井盖是否被盗，还可以监测管道井中水位、有害气体，尤其是易燃易爆气体的情况，达到临界值时，及时通知相关部门进行处理。每年因地下管道井盖被盗、有害气体泄漏造成工作人员伤亡的事故经常出现。多个城市还因地下燃气管线年久失修，出现泄漏，最后导致燃爆，造成重大人员伤亡事故。有了广泛覆盖的智能感应系统，这些悲剧可以尽可能避免。

智慧安防也需要用在更多的特殊场合。2015 年 8 月 12 日，天津一危险化学品仓库发生特大火灾爆炸事故，造成 165 人遇难，损失巨大。如果在这样的危险品仓库中安装温度、挥发气体感应器，进行实时监测和报警，帮助相关人员第一时间发现问题，扑灭大火，不可能造成这么大的损失。在这样的场景中，要进行尽可能多的感应器的部署，这些感应器需要具备多种检测能力，同时也要避免电火花，还需要具有低功耗和定位能力，从而能及时传送准确的位置信息。如果采用传统的固定网络进行部署，不仅拉线复杂、成本高，其自身也容易成为安全隐患，而采用NB-IoT这样的技术进行部署，可以长时间不换电池，部署起来也非常方便，自身的安全性更高。这样会大大减少化学品仓库等危险品储存地的安全隐患，减少火灾等事故的发生。

偏远、条件复杂的地区智慧安防大有可为

大量的灾害事故出现在偏远、条件复杂的地区，因为对这些地方进行安全监控需要很高的成本。目前山林防火一般依靠人来进行监测，无法做到24小时的实时观察，虽然很多山火第一时间发现时还是比较容易扑灭的，但一些较偏远地区的山火等到发现时，已经烧得很大，很难扑灭了。我们经常听到美国、澳大利亚山火的消息，每次大火都伴随着大量的人员伤亡和经济损失。我国在春秋天也经常有森林火灾的消息，也总有人员伤亡。

在山林中进行山火监视，仅靠摄像头不行，必须是摄像头加上温度感应实时监测，不断传输数据，通过智能算法进行分析。我们不可能在一片山林中设置过多的感应器，可以间隔一定距离设置一个监测点进行网络化部署，当一个地方发生火灾，虽然未必就在监测点的旁边，但随着温度升高，周围的感应器

就能感应到温度的变化，通过计算分析发现超出正常温度变化的情况后，就可以通过打开摄像头、使用无人机等多种手段进行观察，甚至可以利用无人机洒水把山火扑灭在萌芽状态。

在大片的山林中，无法拉线，5G 是最好的传输方式，而且应该是 NB - IoT 和 eMTC 结合起来。一般情况下，进行温度感应，传输数据，需要有一个频度，数据量小，也不需要经常性地更换电池，如果有太阳能支持，就免除了换电池这种工作。而摄像头可以处于长期休眠状态，只有出现异常情况时，才开启摄像头进行补充观察。

通过 5G 的智能组合在山林中进行监测，第一时间发现火灾，这在技术上已经不是难题，只需要随着 5G 的建设，把这种能力部署到山林中去，这样就可以大大减少山林火灾的危害。

在偏远、条件复杂的地区，不仅要解决火灾问题，防止滑坡也是一个大问题。在中国的江西、四川、重庆、贵州、云南等地有大量的丘陵区，经常在雨季发生滑坡，造成重大损失。其实对于有可能发生滑坡的地段，相关部门也了解情况，也会有评估，但是无法派人每天盯着，而滑坡何时发生是不以人的意志为转移的。需要在有可能出现滑坡的地段安装实时的位移监测器，监视这些山体的位移情况，出现小量的位移，就要报警，加强观察，甚至撤离附近人员。在山体上，显然也不适合用固网，供电当然也需要低功耗，采用 NB - IoT 的技术是一个非常好的选择。

道路、桥梁的位移和变化情况，也需要感应器进行监测，才能发现可能存在的质量问题，有可能出现的侧翻和垮塌。今天，道路、桥梁上相关的监测还非常薄弱，很多事故的发生都是因为缺少管理。如果有较好的管理、全程的安全监测，就一定能避免其中大部分的事故。如果在道路、桥梁上进行感应器的部署，5G的低功耗技术是最好的选择，既不需要拉线，又不需要经常性地更换电池，甚至用一块太阳能电池板就可以支撑大部分电力消耗，这种部署将会随着5G的发展变得更加广泛。

整合了人工智能能力的智慧安防将超出想象

传统的智慧安防只是简单的监控而已。而未来的智慧安防是要将智能感应、大数据、人工智能整合起来，形成更加强大的服务。

5G通信，不仅是来回传送数据，更要成为大数据收集和服务的基础，而人工智能永远是这个体系的核心部分，推动整个系统能力提升、效率提高。

未来的一切智慧安防产品，都不会是一种单独的监控产品，它必须联网，一定具有综合感应能力，感应能力越多，得到的信息越多，服务能力越强。前面提及的各种智慧安防的应用，都要打破单一感应器的思维，要通过多种感应器，采集多种数据，对这些数据进行分析、整合，通过人工智能的能力，建立起模型和分析系统，通过不断的学习、不断的模拟，最后越来越精准，服务能力越来越强。

在未来的一根智能灯杆上，上面的灯由 LED 灯组组成，可以智能调光，光的色彩可以是三色甚至多色，而且灯组还装有万向轮，可以多方位转动，进行角度调节。灯杆还装有高清摄像头，可以进行多角度的拍摄。当然这种智能灯杆上还会有 5G 小基站的位置，可以挂各种小基站，为周围提供 5G 通信服务。灯杆上还要安装温度、湿度、噪声、挥发气体、臭氧等多种感应设备，为天气、环境等提供多种监测数据。灯杆上还安装有大功率扬声器，每一个扬声器都可以独立地进行控制、进行广播，甚至进行声音交互。

可能很多人会认为智能灯杆上有灯，有摄像头，甚至有小基站的位置，这些都是可以理解的，但是很难理解为什么灯杆上还要安装大功率扬声器，且每一个扬声器需要独立传输声音。

设想 2025 年的一天，一名加班后回家的女性独自走在马路上，在这条偏僻的马路上，迎面走来一个中年男人，后来他又转过身来开始尾随这名女性。

这名戴着耳机、听着音乐的女性并没有发现周围的情况，她还沉醉在音乐声中，独自往家中走去。

这时路边的智能灯杆感应到了异常，几个摄像头开始启动，记录了这个情形，并且把数据传到云端，云端的人工智能分析系统对这段视频进行了实时分析，发现这个中年男人和正常的路人并不完全相同：他时而躲在阴影中，时而藏在树后，怕被这名女性发现，并不是在正常匀速走路。

根据这个中年男人的行为，通过步态和行为分析，安全系统向警方的报警中心发送了警示，提醒相关人员注意这个情况，在人工确认存在疑点后，警方通知附近的派出所派出巡警，向这个位置靠近。就在这个过程中，中年男人突然扑向这名女性。

这时，附近的一根智能灯杆突然打开了路灯，探照灯打在两人身上，光线非常亮，扬声器发出洪亮的警告声："犯罪嫌疑人，立即放开受害人，否则将承担严重法律后果。"受到惊吓的犯罪嫌疑人开始逃跑。这时，沿路的智能灯杆轮流打开探照灯，追踪犯罪嫌疑人的位置，而警察也及时赶过来，将其抓获。

这一段描述似乎有点不像是在说5G，但通信技术的价值就在于不断提升社会能力。通过4G，中国已经变得很安全了；通过5G，我们的社会会变得更加安全。

智慧社区

一个城市的社区是社会的细胞核，它整合了各个家庭，提供了最基本的社会能力的支持。社区的智慧化，就是把智能化的能力渗透到社区中，它是切实解决社会管理问题、提升社会服务能力的基础。

2020 年新型冠状病毒肺炎疫情暴发后，全世界都希望尽快控制住疫情，最为直接的办法就是减少人员流动。全球在经历了各种消极的等待之后，大致也都在朝着这个方向努力，但是世界各国的情况却很不相同，从中可以看出我国社会管理的能力，而智能化的能力在其中起到了巨大的作用。

中国在武汉进行了封城，全国各地也采取了非常严格的限制进出措施。在武汉基层执行社区封闭行动的，没有警察，更没有军队，基本上没有执法人员，而是物业、社区管理人员和志愿者。封城不是简单地进行封堵，还有很复杂的工作要做，一个社区里，有没有受感染的病人，这些人有没有被送到医院？社区居民疫情期间不能随意出小区，是否缺粮、缺菜，要不要购买生活用品，要不要买药？这些都需要进行信息沟通，需要有志愿者来支持。

正是因为有社区管理通信能力的支持，所以武汉封城 76 天，尽管极为艰难，但也平稳度过了。

世界上的其他一些国家也进行了类似于封城的管理，警察、军队都上了街，印度的警察不得不带着木棍去打那些不听话的人。美国发放免费食品时大家又都出动了，排队去领，排队的车堵了几个小时。之所以情况有这么大的不同，是因为社区管理的智慧化水平不同，信息畅达与组织保证程度都会影响社区管理的能力与水平。

今天中国的社区实行的是网格化管理，智能化的能力将会更多地和社区管理结合，以提升社区管理水平，让社区成为智慧社区。

社区管理的智慧化

社区管理是一个庞大而复杂的工程，所有的物业公司都面临效率不高、成本过高、人手不够等难题。要解决这些问题，靠增加更多的人手显然不现实，只有通过智能化，才能解决一些以前无法解决的问题，做到效率更高，管理水平也更高。

社区中有一个顽疾，就是高空抛物，从苹果到菜刀都有，也造成了很多的伤害，甚至一些地方出现这种情况后根本找不到肇事者，受害者只好起诉全楼的所有居民。高空抛物的随意性大，很难看到物体从何处抛出，靠人 24 小时蹲守显然不现实，这就需要智能摄像头进行全天候的监控，最好能做到大广角、智能启动，在平时处于休眠状态，当出现高空抛物或其他相关情形时，能实时启动。

只要发现有人高空抛物，就马上把信息发送到物业公司的管理中心，一方面对证据进行固定，为法律上追责保留证据；另一方面马上通知相关人员，到现场进行查证，查看是否造成伤害，防止再次发生高空抛物。

制止高空抛物，目前似乎只能采用这些智能监控手段，除此以外没有太好的办法。

在社区管理中，本社区的人进出要携带门卡之类，很不方便，而过于开放的管理，又很容易造成较多的闲杂人员出入社区，产生安全隐患。

今天在中国已经有许多小区采用人脸识别系统，社区居民经过人脸信息的采集和认证，刷脸进入社区，这大大提升了社区安全，减少了干扰，大家不需要携带门卡，进出小区也更加方便。

社区单身老人的管理也是一个非常重要的问题。生活在社区中的单身老人，每天大致的活动规律是怎样的，每天一般何时出门，几天买一次菜，经常去什么地方，可以通过人脸识别系统形成一个大致的分析，当发现某个单身老人几天没有出现时，可以通过社区管理系统进行沟通，甚至派社区工作人员上门查看。

我们经常看到老人在家中摔倒，无法和外界联系，导致意外发生的新闻，一个很重要的原因就是社区没有管理和沟通系统。智慧社区就是要运用各种智能化的能力，产生各种数据，然后对这些数据进行智能化的分析和管理，解决社区的各种问题。

社区安全的智慧化

社区安全主要解决两个问题，一个是犯罪行为，另一个是居住安全的隐患。所有的安全事故都是因为缺乏有效的管理、监测，没能建立高效的安全防范体系。

智慧社区要解决好安全问题，应建立起安全防范体系和安全监测体系，然后逐渐过渡到建立安全干预体系。

大家从小区的监控可以看出安全防范体系的价值。以前，偷盗、尾随入户抢劫等社区治安案件多发，随着各个社区大量摄像头的安装，社区治安已经大为改观。但过去的摄像头系统还是非智能的、简单的系统，它只是做一个记录，犯罪行为发生后，公安机关再通过这种记录信息去寻找犯罪嫌疑人。有时为了侦破一起恶性案件，警方要组织十几个人，看数百小时的视频监控。这说明这个体系有价值，但是不够智能化。

结合5G的智能监控系统，必须引入人工智能，对监控到的视频信息做实时分析，实时预警，甚至实时干预。一个小偷半夜从窗户爬入了居民家中，摄像头拍到了这个情况，以前只能等盗窃事实发生，再去查监控视频，有时可能因为拍摄不够清晰，无法找到犯罪嫌疑人。通过5G和人工智能的结合，建立一个动态的智能分析系统，在半夜发现有人爬窗户，很容易就做出判断可能是小偷，马上把相关信息发给派出所和物业监控室，实时传送现场情况，同时智能灯光照向正在往上爬的小偷，并进行语音提醒，制止可能发生的偷窃行为。

智能化要解决的一个大问题，不是简单的记录，而是必须要尽可能地制止犯罪行为，防止可能出现的问题。5G 的实时通信能力是智能化的基础，如果不能方便地部署，不能实时传输数据，就不会出现发现问题、实时报警的场景，智能化就没有价值。

每年我们都会看到居民家中燃气爆炸或一氧化碳中毒的新闻，这些情况的发生基本上都是因为智能监测系统的缺失。今天要做到实时监测，实时传输数据，已经不是太复杂的问题，感应器的部署非常方便，只需要一年更换一次电池。通过感应器，我们可以监测室内的甲醛、TVOC、一氧化碳、二氧化碳等数据，也可以连接报警功能，实时向物业公司的管理中心报警。社区中一旦出现问题的苗头，通过 NB－IoT 技术进行数据传输，就可以了解情况、及时沟通、解决问题，给大家提供一个安全的社区环境。

今天许多社区已经开始有一些智能化监测、报警的感应器和摄像头，最大的问题是这些感应器大都没有办法联网，拉线太过麻烦，无线又很难获得能源和通信支持，所以大部分感应器都是单机独立工作，要做到精准、稳定性强、及时报警非常困难。借助 5G 的通信能力，可以将死的、独立的感应器，变成活的、系统性的设备。单个感应器获得的信息不够全面，而多个感应器可以获得不同维度的数据，让信息变得更加丰富、准确，成为人工智能分析的有效数据。

社区服务的智慧化

服务也是社区的重要功能。提升服务的品质，不仅是社区服务竞争的重要手段，也是现代社会对社区服务的基本保证。

家庭生活的改善、服务水平的提升，必须和社区智慧化紧密联系在一起。前文提到过，社区物流体系通过智能化将会有质的改变，无人送货车通过数码轨道，把一切快递、外卖、小商品送到居民家中，建立起一个极为方便的生活服务的物流系统，既避免大量的送货人员在社区中穿行，减少安全隐患，服务的效率也大大提升。无人送货的智能服务系统，将是社区面貌改变的一个重大机会。

除了无人送货系统，还有很多社区服务可以通过智慧化来解决。每天我们都会产生大量的垃圾，实行垃圾分类后，不同的垃圾需要怎么分类，放到哪个垃圾桶，是一个很复杂的问题。而智能垃圾桶上安装了摄像头，可以对垃圾进行识别，告诉我们垃圾应该放到哪一个垃圾桶中。表面上看垃圾的识别是一件挺复杂的事，但其实一点也不复杂。智能垃圾桶通过人工智能进行学习，将信息库进行同步存储，不断增强垃圾识别能力，只要有垃圾靠近，就会开启识别功能。

识别垃圾不仅对垃圾分类有很大的帮助，同时也对社会生活数据分析有巨大价值。我们每个人每年会扔掉哪些垃圾，哪些生活用品消耗更快，以前缺少较为准确的数据，现在智能垃圾桶可以对这些数据进行记录并加以分析，这种数据会非常有价值。

曾经我们家中的垃圾是直接扔到垃圾道中，然后由环卫工人收走，今天这种办法不再适用：一是垃圾需要分类；二是大量的垃圾堆在楼下，容易产生二次污染。

其实垃圾道智能化后可以得到很好的利用。当我们把垃圾分开倒进垃圾道时，滑道对垃圾进行识别、分类，垃圾会自动滑入相应的垃圾桶中，垃圾桶满了，就通知环卫人员，将已满的垃圾桶运走，换新的垃圾桶。这样的一套系统，既实现了垃圾分类，也保证了环境清洁。

这样的系统技术上并不是特别复杂，只需要识别系统、人工智能分析和通信功能，它的建设成本也不高，但对生活品质的提升却有着极大的帮助。相信这样的系统不久就会出现在生活中，成为生活品质提升和环境改善的一个重要保证。

今天我们已经步入老年社会，社区里的老人非常多。老人很少去养老院这样的机构，更愿意居家养老，无论是否和子女一起生活，老人的照看都是一个大问题。

中国老人更愿意在家中养老，这就意味着没法和养老院一样把他们集中起来，提供实时的照看服务。向分散居住在社区的老人提供各种服务，需要强大的居家养老系统。

居家养老的社区服务系统，是将信息沟通、实时信息和安全、服务整合起来。今天所有的居家养老大都是概念，产品也都是零散的。一个真正智能化的居家养老系统，需要建立起智能管理和智能服务系统，通过社区服务中心形成一个服务系统，这个系统不仅需要有智能感应能力、通信能力，还应该建立起社区服务的支持能力。

在老人的家中安装方便开启的广角摄像头，定时和老人进行视频交流。老人佩戴可以监测心率、血压、运动、睡眠情况的手环，随时监测老人的身体情况，在发现数据异常、出现警报的情况下，向社区服务中心发出警示。社区服务中心可以和老人进行视频交流，排除误报等情况；如果发现老人身体情况异常，可以实时报警、呼叫救护车。

老人还需要打扫卫生、帮忙做饭、心理抚慰等服务，通过智慧屏，建立起一个以语音交互为主的交互系统，用多种感应器来获取数据，满足老人的这些服务要求，以支撑居家养老。这样的体系有较大的市场空间，也有很多服务能力可以在这个过程中逐渐开发出来。

智慧城市

智慧城市是一个大主题，即使用一本书也很难写完、写全。一个城市要实现智慧化，首先需要感应能力，要将更多的感应器部署在城市的各个角落，获取更多的信息，形成强大的数据中心，然后将各种数据整合起来，形成强大的数据处理、数据整合、数据分析、数据清洗、数据安全分发能力，并将这些大数据提供给不同的部门。5G 的通信能力是感应和大数据形成的基础，也是人工智能的基础，要获得更多的数据，必须要有强大的通信能力，不仅要速度快，还要支持大量的接入，支持低功耗与低时延，通过多种能力提供不同的通信服务，从而支持不同的通信服务需求，比如有的需要高速度，有的需要大容量，有的需要低功耗，有的需要低时延。只有不同的通信能力满足不同的需求，才能在建构智慧城市时进行有针对性的通信能力支撑。

智慧城市是整合各种城市智慧能力的一个综合体。以前在讨论智慧城市时，我们会看到各种各样具体的智能化应用，这不是智慧城市，因为再多的智能化应用的堆积，也很难形成一个强大的智慧城市的能力。

智慧城市需要一个城市从最基础的建设到管理、运营形成一个智慧化管理的体系。一是要做好最基础的建设，二是要整合所有能力，三是要形成共同的标准。

各种各样的智慧家庭、智慧社区不能理解为智慧城市，智慧城市是要在城市基础设施建设层面做全面的规划，形成共同一致的架构体系，采用通用的平台，标准、接口一致，使用共同的数据库。这需要顶层设计，形成战略性的思考。

智慧城市需要政府从战略高度整合各方面的力量，做顶层的设计和底层的规划，通过基础设施建设形成一个基础的支撑，如果没有通盘考虑，没有共同的标准，所谓的智慧能力就是零散的、各自为政的，甚至数据库、标准都无法互通，就无法形成强大的智慧能力，反而会造成巨大的浪费。

一开始就从底层进行全面思考，这是智慧城市必须要面对的问题。

开放的统一架构

从一开始就是系统性思维，把城市管理、城市安全、城市交通、城市环境治理、城市灾害防治、城市发展、智能电网、智能充电桩等各个方面的问题都系统地考虑进去，形成一个包容各方面能力的开放架构。这个架构最基础的思维就是包容一切能力，整合一切应用，共用、共通、融会一切应用能力。

这种开发的架构是以前从来没有的，互联网的架构也只是一个“去中心化”的架构，而一个强大的智慧城市的架构，除了“去中心化”之外，还需要开放，可以和各种应用融会，形成强大的接入能力，同时又有强大的管理能力，可以进行控制、监管，成为强大服务体系的底层。在这个层面上，如果仅仅是开放的系统，就无法胜任全面的管理工作，需要在架构上思考出更新的结构，做到可张可合、可开放、可管理。

一个基础的网络

今天的城市管理是由多个专用网络和公共网络组成的，它们的技术、标准、接口都不相同，无法互通，数据无法共享，在这种情况下要形成一个智慧城市系统，显然是做不到的。

智慧城市必须建立起一个基础网络，不仅部署在地上，未来也将逐渐部署在地下、水里、天空，形成一个天地一体化的网络，除了今天用光缆建立的固定网络系统，还包括用 5G 建立起移动通信系统，用低轨、超低轨卫星建立卫星系统，这些通信系统将联结起来，成为一个互通的体系。这个基础网络可以做成多个切片，为不同的需求提供不同的服务，而不是重复建设各种各样不互通的网络，大量浪费资源。

5G 技术，未来也可能是 6G 或是不断迭代的技术，会成为基础网络的支撑。人类在这之前还没有建立起一个基础网络的构想，而是采用了大量的不同技术和各种私有协议，5G 之后的网络管理技术和能力使一个基础网络提供多种不同的服务成为可能。

一个通用功能平台

建设智慧城市，必须要构建一个通用功能平台，实施各类信息资源的调度管理和服务化封装，进而支撑城市管理与公共服务的智慧化，有效管理城市基础信息资源，提高系统使用效率。

这个通用功能平台有点类似于电信运营商的核心网，可以对所有的网络和资源进行管理，需要某种资源、某种能力时，可以在网络上通过软件定义出新的服务和能力。这种强大的功能平台，将会是智慧城市的中枢神经系统，也是智慧城市的管理系统。有了这样一个平台，智慧城市的各种能力将不断根据需求，在原来的网络上通过软件进行定义，不断扩展出新的能力，成为更新需求的支撑。

一个数据存储和管理体系

城市的运营管理中会产生大量的数据，将它们进行存储、分析、清洗，并开放共享，构建整个智慧城市的数据体系。这个数据体系在存储上要形成强大的备份系统，以保证数据的安全。对于智慧城市系统内的数据，应该尽可能地开放共享，让所有的数据成为一种财富，可以共同使用。需要注意的是，要对这些数据进行清洗、脱敏，使其变为干净的数据，而不是泄露隐私的突破口。

经过脱敏的数据能有效提供决策支持，也能用于生产、管理、社会和经济分析，达到进一步提升城市治理科学化和智能化水平的目的。

城市大脑与组合的运营中心

要让智慧城市良好运行，必须构建智慧城市统一的运营中心，实现城市资源的汇聚共享和跨部门的协调联动，为城市高效精准管理和安全可靠运行提供支撑，对城市的市政设施、公共安全、生态环境、宏观经济、民生民意等状况进行有效的掌握和管理。我们将统一的运营中心称为城市大脑。这样的一个城市大脑可以掌握整个城市各方面的情况，供政府进行决策，也为城市各部门进行资源配置提供了参考与数据。

除了城市大脑之外，还应该建立多个更加细分的运营中心，对相关数据和能力进行管理和控制，如治安中心、生态中心、经济运行中心、舆情中心等。城市大脑和各个分中心相互进行信息支撑。城市大脑掌握总体的信息，而分中心除了掌握信息之外，还会直接参与运行管理。

一个通用的标准体系

智慧城市要把一个城市的各种资源通过一个网络、一个数据体系和一个管理平台整合起来，让所有的业务与应用都在这个平台上运行，数据相互支撑，能力相互打通，这就意味着必须要有一个共通的标准体系，标准是相同的，接口是相通的，在这个标准之下，通过各种大家共同遵守的协议，才能方便地进行数据调用，同时将更多的能力加入进来，让这个体系不断扩展。

对于智慧城市建设来说，标准是一个很复杂的系统，因为它牵涉到和其他城市的互通，牵涉到整个国家的智慧城市标准化。这需要更高层面的思考，应尽早布局，避免当实施全国性的标准化时，才发现各地都有自己的标准，造成大量的投资浪费。

最初人们认为智慧城市就是要建设免费的 Wi－Fi，今天智慧城市是要建设天地一体化网络，通过光纤、5G 甚至低轨卫星，建设覆盖整个城市的网络，同时将天上、地上、地下、水里的网络整合起来，通过大量数据的收集，形成服务管理系统。

城市是人类发展的重要标志，它是一个集规划、建筑、材料、文化、经济于一体的综合体。从集聚为市，到逐渐形成商业、政治、文化、居住不同的分区，建立下水处理、垃圾处理系统，从长安、开封这些千古名城，到巴黎、伦敦现代大都市的建设，再到巴塞罗那的城市规划，人类在城市建设上经历了漫长的历史变迁。

今天的城市建设正面临一个新的高峰，它不仅是功能和建筑的分区和多种能力的支撑，同时要通过智能化让城市更安全、更高效、更亲近自然，用大量的感应器和数据处理系统形成一个智慧化的支撑系统。我相信未来雄安会成为中国智慧城市的标杆，甚至会成为世界智慧城市的标杆。

作为一个面向未来的智慧城市，雄安从建设的第一天起，就把智慧化、亲近自然作为城市建设的一个基本理念，在这个城市的地上和地下，除了发达的交通体系之外，还有一个智慧化的从各种管线到网络支持的支撑体系。雄安还通过对不同功能区进行规划，让智慧的能力从建设之初就渗透到整个城市建设中，未来一定会渗透到城市的运行中。每一个时代都会有全新的城市成为一个时代的象征，雄安的智慧城市建设也会成为智能时代的城市象征。

社会管理是一个庞大的体系，涉及的远不止智慧安防、智慧社区、智慧城市这几个方面，智慧化将通过各种各样的手段，借助智能感应、大数据、人工智能形成强大的管理和服务能力。5G 是把这些信息连接起来的基础。

第八章　后 5G 时代的人与自然

自百万年前在地球上出现以来，人类长时间处于一种物质短缺之中，人类思想家对人与自然的思考，一直是在短缺的背景下进行的。突然之间，人类进入了一个物质供给加速的时代，能源、信息、材料呈现的不是几倍、几十倍，而是几百倍、几千倍的增长，满足基本生活需求不再是问题，基础设施建设从传统的能力提升为全面智能化。在一切能力的爆炸性增长之后，人类的行为、思维模式正在承受着前所未有的冲击。

我们经常听经济学家说，人性是不变的，这有一个基本的前提，就是物质短缺，随着物质短缺这个大背景被根本改变，人性也在发生变化。随着人类物质生产能力越来越强大，满足人类基本生活需求的物质条件越来越好，人类对物质的要求就会发生巨大变化。人与自然的关系，也会随着这些变化而改变。

今天为什么没有伟大的思想家？

今天我们并不缺思想者，无论是高校还是研究机构，都有哲学、社会学、经济学、文学等相关专业的大量学者，但是他们当中无法产生真正影响世界的思想家。

一个时代的思想家总是紧贴社会变化，甚至就是社会变化的参与者、实践者，在对社会变化的感悟之中，感受时代发展的韵律，了解时代发展的方向，看到更远的变化和发展，在一定程度上预测未来，为人类的未来指明方向。从孔子到马克思无不是如此。伟大的思想家永远和这个时代在一起，对世界的变化有着非常清晰的感受和深刻的研究。

今天的思想者大都已经形成了一个闭门做思想的体系，把研究过去的思想作为最重要的研究方向，往后看成为主要的特点，甚至把某位思想家曾经说过的话作为自己的论据，对典籍、故纸极为重视和推崇，缺少社会观察能力，也缺乏对社会变化的感悟。

社会的变化从来都不是建立在过去的名言和描述上，它有自己的发展规律，我们只能紧跟它，研究它的发展进程和规律。人类的一切哲学、道德、伦理、思想、文化都不能超越物质生产能力，物质生产能力决定了经济关系，决定了经济关系下人与人之间的关系，甚至决定了政治、经济的形态。

社会生产能力是由技术决定的，革命性的技术将会产生颠覆性的力量。当人类所需的能源还保存在柴草中时，不可能产生共产主义这样伟大的理想；煤与电的出现，大机器的出现，导致生产过剩，引发经济危机，思想家才可能提出物质比较丰富的社会主义形态和物质极为丰富的共产主义形态构想。

今天，思想文化界对技术的了解不多，他们习惯于在旧的思想文化中寻找答案，对技术冲击下人的思维变化采取漠视的态度。

这种情况在中国也很普遍，一些经济学家不研究技术发展，不研究生产能力，只会生搬硬套国外百年以前的经济理论，提出的建议和实际相差甚远。

远离技术的发展，不了解社会经济能力的变化，让所谓的思想者都变得老态龙钟。

人类大部分的忧虑建立在短缺思维上

人类出现以来，一直伴随着物质短缺。在短缺背景下成长起来的人类，有两种非常明显的特质：一是焦虑，二是贪婪。

短缺，尤其是粮食短缺，让人类面临巨大的生存危机，在人类百万年的历史中，活下去长时间以来是一个严峻的问题。

远古时代，人类很难战胜天灾的威胁。游牧民族随时面临着巨大的不确定性和死亡的威胁。农业社会的不确定性似乎小一些，但靠天吃饭，一次天灾会让一切荡然无存。在这种背景下，人类产生了对自然的崇拜，内心中充满了恐惧和焦虑。

由于短缺，对未来的焦虑和担忧成为思想的主流。当时末日论很容易有市场，绝大部分邪教都会散布世界末日论，利用焦虑对信徒进行精神控制。

也由于短缺，贪婪成为人性的一个重要组成部分。为什么富人拥有了较多的物质财富，却不愿意停下来享受生活？因为物质短缺会造成强烈的不安全感，即使已经拥有了一定的物质财富，也还想拥有更多的财富，不断地攫取财富不再是目的，而变成了一种无意识。更多地占有财富，是为了抵消不安全感。

人类的哲学、经济理论很多也建立在物质短缺的基础上。

随着新的能源存储方式、信息存储方式的发明，大量人工智能参与到社会生产实践中来，人类正渐渐迎来一个物质比较丰富，甚至是物质生产过剩的时代。

尽管世界经济发展水平还不平衡，一些较为落后的国家依然面临着粮食危机，很多普通人面临着生存的压力，但大多数国家的生存问题已基本解决，一些国家进入比较富裕甚至是非常富裕的阶段，特别是中国这样一个拥有 14 亿人口的国家，在基础设施建设逐渐完备、生产能力大幅提高的情况下，将把世界经济的整体水平带向一个全新的高度。

人工智能被大规模使用到工农业生产中去，物质生产能力的提升很可能会大大超出想象。疫情期间，中国在短短两个月的时间里，口罩的生产能力从日产百万只迅速提升到日产10亿只。农业生产的物资供应远远超过我们生存的正常需要，我们购买的1/3的农产品被浪费掉了。农业生产正在从智慧农业1.0向智慧农业2.0发展，最有代表性的一个例子是，1947年之前北大荒是一片荒原，少有人迹，也基本没有农产品生产；今天北大荒已经可以生产供1.2亿人食用的粮食，98%的粮食都是商品粮。从这里我们可以感受到人类大规模粮食生产的工厂化和智慧化。

在物质生产能力大幅提高之后，短缺思维面临很大的挑战，这种挑战也会渗透到社会和经济学中去。

节俭是我们这一代人自幼在心中种下的观念，甚至成为一种人生态度。当经济发展水平已经达到一个很高的程度时，我们也仍然认为节俭是一种必备的人生态度。我们会吃剩菜，即使不太健康；我们舍不得扔掉不再使用的旧衣物，即使它们要有更多的空间来储存。

我们介绍日本成功的大企业时，总会提到一张纸要正反面使用，似乎节俭是这些企业发展强大的原因，殊不知要推行这些节约原则，其实需要花费更多的人力成本、宣贯成本，甚至还会影响工作效率。

越来越多的人认识到，在今天物质已经很丰富的时代，过去的一些基本观念面临挑战，剩菜还是最好不吃，吃太多的剩菜会致病，甚至引发癌症，对身体造成损害。

一些短缺下盛行的原则和生活态度，随着物质的丰富，正在一点点被改变，最大的改变是一些经济较为发达的国家正在步入低欲望社会。社会效率的极大提高，并不需要所有人都去从事农业、工业生产，有一部分人不愿意多生孩子，更愿意养一只宠物，也有一些人不愿意花太多的心思在工作上，只想享受生活，享受安宁。用短缺思维去看，这种低欲望状态是很难接受的，但这种趋势无法阻挡。

随着智能化能力的提升，物质丰富这个大趋势将不断地冲击我们的社会生活。40 多年前，中国开始推行计划生育政策，之后将其定为基本国策，这很大程度上就是建立在短缺思维上，我们认为地球上的资源养活不了这么多人，人口的大量增加会成为巨大的社会负担，所以需要控制人口数量。经过几十年的发展，中国的人口从原来的 7 亿增加到了 14 亿，整个社会对人口的增长态度发生了很大变化，认为人口增长的下降会使中国的人口红利不再，老年人口激增会影响社会活力，于是主张调整计划生育政策，全面放开二孩。国家政策也做出了适时调整，规定所有夫妇都可以生育两个孩子。这种改变很大程度上是因为物质生产丰富了，完全可以承载更多的人口。

正视今天物质短缺向丰富的转变，了解其带来的社会观念和心理变化，是思想研究必须要面对的一个大问题。非常遗憾的是，我们的思想、文化领域对这个世界变化的感受迟缓，思想文化界基本远离技术和经济的发展变化，在自己的小圈子里做学问。这个世界已经变了，他们却还停留在过去，因而无法把握时代脉搏，无法理解社会的发展变化，无法引导思想文化的发展，而是用旧思维去看这个高速发展的社会，不知所措。

对于今天人类社会的发展，思想文化界基本处于失能的状态，根本原因就是他们远离技术，不理解它所带来的强大冲击力。

人类将重建和其他动物的关系

人类和其他动物有着微妙的关系，在绝大部分时间里，其他动物是人类的食物和竞争者。远古时期，人类为了生存下来，与其他动物争夺资源，是很多动物的竞争者，有时会沦为一些动物的食物。经过漫长的发展，人类终于成为这个世界的主人和统治者。在这个过程中，很多动物逐渐被驯化，发展出了畜牧业，甚至渔业。

人类驯化了猪、牛、羊等畜类和鸡、鸭、鹅等禽类，加以养殖后，成为人类的食物。古代的中国人甚至把鱼类驯养成了家鱼，成为水产品人工养殖的鼻祖。作为食物，以获取蛋白质和热量，这是人类对很多动物的基本态度。

人类在把很多动物作为食物时，采取了很残忍的一些做法，比如食用野生动物，虐待养殖动物，最典型的是人类为了获得鹅肝酱这种美食，用极为残酷的手段对鹅进行喂食。

为了获得食物，人类对很多动物的态度是残忍的，很少能稍微理解一下其他动物的悲惨与痛苦。

人类还广泛使用畜力作为生产工具。牛、马、驴、狗、大象、骆驼等都被广泛用作畜力，帮助人类在各种环境中搬运、耕作、加工，越是在艰难困苦的环境中，这些动物的作用越大。在没有汽车、火车这样的交通工具之前，马是人类最重要的交通工具，甚至被用于耕田劳作。牛也被广泛用于农业生产，包括充当运输工具。在雪山这样恶劣的环境中，运输则靠牦牛。

对于农业社会而言，如果没有牛、马这样的动物，社会发展将不可想象，但即便这样，这些劳作一生的动物，最后的命运还免不了被屠宰，成为人类的盘中餐。大象这样强大的动物，也被人类驯化成了劳动的工具，甚至是战场作战的工具。在人类几千年的历史中，田间劳作、道路运输，甚至是在没有道路的沙漠中、高山上运输，都少不了马、牛、驴、骆驼等动物的身影，这些动物对人类步入文明社会与发展经济起到了重要作用。很长一段历史时期，一个家庭拥有马、牛这些生产工具，就意味着社会财富的占有程度，意味着经济实力和生活水准。

其他动物还被广泛用于各种特殊场景，拥有特殊功能。狗被用来看家护院，猫被用来捉老鼠，直到今天还有警犬、缉毒犬。大量的动物被用于药物试验。马戏是人类一种重要的娱乐方式，动物表演很长时间以来给人类带来了极大快乐。

今天很多动物依然是人类的食物，可能未来几百年这种情况并不会绝对改变，但人类正在重建和其他动物之间的关系。在生产领域，作为生产工具的动物基本上退出了历史舞台，无论是战马、拉车的马，还是地里耕地的牛，都已经渐渐淡出，这一切不是出于人类的怜悯，而是社会物质生产能力的提升、社会进步的结果。

作为生产工具的动物越来越多地退出了历史舞台，宠物逐渐进入人类的生活，成为人类的家庭成员。

狗和猫是最常见的两种宠物，成为人类的精神伴侣。人类第一次用温情来对待身边的动物，在宠物身上倾注了大量的情感。

从受到动物的威胁，到驯化、使用、食用动物，再到部分动物成为人类的朋友，和人类进行情感交流，给人类带来安慰、欢乐，这都是物质丰富背景下社会发生的变化。物质生产能力的提升，造成了人对动物态度的改变；而在和人类一起生活，营养得到充分保证的情况下，动物的智慧也在飞速提高。未来，有些动物很有可能进化为智慧动物，甚至可以掌握语言或借助辅助工具，和人类进行更为复杂和丰富的交流和沟通。

未来的世界，会不会过渡为人类和某些动物共处的世界，今天也许很难想象，但是某些动物的智慧化不可阻挡。

人造肉有可能成为人类的主要食物

作为一个中国人，我们对人造肉这样的议题，最本能的反应是很难接受。在世界很多民族还停留在生食和火烤肉时，中国人已经发明了丰富的烹调工具，尤其是发明了蒸这种加工方式，在很大程度上保留了食物的原味和营养。中华民族有着全世界最为丰富的食物制作技术，形成了全世界最为丰富的美食体系。除了著名的八大菜系，其他地方也有着独特的佳肴，并不断创新、不断丰富。

随着技术的发展，我们还会长期将其他动物作为食物来源吗？这是人类不得不面对的一个问题。今天人类研制人造肉，在很大程度上并不是因为食物短缺，而是随着物质的丰富、智能化能力的提升，人类在经历伦理的冲击。

放弃吃动物肉将会是一个较为漫长的过程，但这个过程无疑已经开始启动了：一方面，人造肉的品质在不断提升，味道更加丰富；另一方面，人类经过训练，渐渐适应人造肉的可能性正在出现。对于相当一部分人而言，这听起来是天方夜谭，很难在情感上接受，但是人类的发展就缘于这样一点点的改变。

这将会是一个较长时期的斗争，是两股不同力量的碰撞，是人类几百万年积累起来的饮食习惯与新的饮食观的碰撞。重建人类与其他动物之间的关系，人类的能量补充不能靠不断地屠宰动物，人类只有建立起新的饮食观，才能真正地面向宇宙。

目前世界上人造肉的研制有两个方向：一个方向是植物蛋白，另一个方向是胚胎干细胞培养。

对于植物蛋白，尤其是大豆的植物蛋白，中华民族并不陌生，具体的过程前文已经描述过，这里不再赘述。

通过植物蛋白来补充蛋白质，对于中国人来说完全不是问题，中国已经有了两千多年的积累，品质、口感、丰富程度都是领先世界的，也被中国人民广泛接受。中国菜中有一个系列就是素斋，用豆制品模拟各种肉类制品，这其实是世界上最早的人造肉，有非常成熟的技术和广泛的市场。应该说在人造肉这个领域，中国曾经领先于世界。

所谓胚胎干细胞培养，就是从牛、猪、羊、家禽或鱼的肌肉组织中提取细胞，在薄膜上进行培育。通过培育，细胞会生长、扩张，然后从薄膜上脱落，脱落后的平面细胞群堆积到一定厚度时，就形成了堆积的肌肉组织，也就是“肉”。这种

“肉”的堆积，可以形成各种不同的肌肉组织，而这些“肉”的口感和我们经常食用的肉还是比较相似的。

今天的市场上已经有了人造肉汉堡，2020 年疫情期间，因受疫情影响，美国的肉类供应短缺，人造肉汉堡有了更大的市场。

今天人造肉处于初级阶段，还非常不完善，要满足不同地区、不同种族的口感需求，在营养成分上和普通的肉类一致，还有很多需要研究和完善的地方。随着技术的发展，口感和营养等问题会逐渐得到解决。人类的饮食习惯也会随着时间的推移不断改变。人造肉被用于汉堡类产品中，在口感和习惯上不会造成特别大的冲击。对中国而言，越来越多的年轻人习惯了吃汉堡类产品，对人造肉的接受程度会逐渐提高。

人造肉不仅解决了人类的肉类供应问题，让工厂化生产成为可能，也有可能解决储备问题。如果有一天人类要大规模移民宇宙中新的星球，养一群动物，屠宰吃肉，这可能很难实现，而工厂化的肉类生产就可以较好地解决这个问题。

人造肉工厂化的生产，对保证肉类的品质、减少肉食生产中的污染作用巨大。各种养殖业的生产，为了避免养殖动物的染病和死亡，需要接种各种疫苗，注射各种抗生素，但这些动物在生长过程中还有可能感染各种疾病，携带一些病菌和病毒，通过检疫很难完全发现并解决这些问题。不健康的肉食在很大程度上会影响人类的健康，比如瘦肉精这样的添加剂，就会对人类心脏产生不良影响。一般而言，人造肉可以做到标准化，防止相关问题出现。

随着时间的推移，人造肉会逐渐进入我们的生活，成为我们食物和习惯的一部分。总有一天，也许在 300 年之后，人类会面临巨大的思想冲突，例如是完全禁止食用动物肉，还是允许食用？就像今天我们争论吃狗肉是不是文明的生活方式。吃狗肉在 50 年前是不可能引起争论的，因为食物供应不足，吃狗肉没有什么问题，而今天就成了问题。

300 年之后，人造肉的品质、口感可能已经非常接近真的肉，甚至口感、安全性会超过真的肉。在日常饮食中，大量的食品都用人造肉来制作，大家已经习惯了人造肉是生活的一部分，这时就可能出现是不是要禁止食用动物肉的争论。

今天我确实接受不了吃人造肉，因人造肉的口感很难满足一个对饮食有很高要求的中国人。但我还是相信，有很多趋势是无法阻挡的，未来的某一天就会出现人类饮食革命性的颠覆。

到那时，其他动物的命运是不是会发生改变？这个问题比较复杂，今天地球上很多动物恰恰是人类豢养的，如果有一天人类不再养殖这些动物，将其作为食物来源，这些动物的生存就会成为极大的问题。也许这是人类以后需要思考的问题。

格雷塔·通贝里的榜样力量和无知

尽管中国人很难理解环保少女格雷塔·通贝里，但她代表的是发达国家下一代对环保、气候的重视，这确实是人类未来发展的一个重要方向。人类在满足了物质生活之后，需要一个清洁的环境，于是不认同为了经济牺牲环境的思维和模式，想通过自己的力量保护地球环境，这是一个不可阻挡的大趋势。从这个意义上看，格雷塔总有一天会在中国找到更多的共鸣者。

在重建了和其他动物的关系后，我们要不要重新建立和自然的关系，需要绿水青山，需要清洁的空气？答案一定是，我们需要。

从这个意义上来说，格雷塔的环保活动有着深厚的社会基础，和人类社会对未来的焦虑相契合，代表了西方青年一代的需求，因而得到很多西方人的支持。她的存在有很大的象征意义，代表了发达社会对未来地球环境和气候问题的担忧。

从这个角度看，格雷塔有一定的榜样力量。毫无疑问，今天虽然大部分中国青年对她无感，但有一天，环保也会成为青年中最重要的议题，也会成为青年最关心的问题，这差不多是可以预见的。

如何重建人类和自然的关系？“格雷塔们”开出的药方是，

退回到过去，不乘飞机，更加节俭，抵制现代科技，甚至用帆船进行远洋航行，这些被认为是人类保护环境的解决之道。显然，这些想法和做法缺乏科学，是人类在与自然进行斗争的认知上产生的短视之见。

人类需不需要保护环境？当然需要。怎样保护环境？放弃现代科技和生活方式，回到更加节俭的生活方式中，回到远古的生活中，地球就会干净，气候就会正常吗？这种想法显然过于简单，不可能有效。

要解决气候与环境问题，不是要抵制现代科技，而是要通过现代科技找到解决之道。这点是缺乏科技知识的格雷塔不能理解的，她只能逃学，参加政治活动，用激烈的语言进行谴责，不可能找到真正的解决方法。

5 年前，北京的雾霾非常严重，冬天很长时间处于雾霾的笼罩之下，这对人们的身体健康和社会心理都产生了严重影响。面对这么严重的雾霾，我们当时普遍感觉很难治理，20 年也很难有成效。今天北京冬天的雾霾情况要比几年前好了很多，空气净化器都少有人买了。

在我幼年时，风沙非常严重，一个重要的原因是人类的活动极大地破坏了植被。那时人们需要的能源主要保存在柴草中，只能砍伐木材，甚至把生活范围内的一切柴草都砍光、烧掉。减少植被破坏能通过减少人口和少吃少喝来从根本上解决吗？

显然不能。

20 多年前，每年冬天多见扬沙天气，今天这种情况已经大为改观。改变这一切的，除了政府的治理、防护林带的设置之外，就是技术能力的改变。今天主要的能源来自煤、天然气，天然气尤其使用广泛，不仅是城市，农村地区也广泛使用管道和液化气罐，不再需要砍伐柴草，这才是根本的环保措施。现在中国绝大部分农村是绿水青山，这个问题的解决，依靠的是技术的提升，而不是放弃技术。

人类要建立起与自然的新型关系，要想拥有一个清洁的地球，不可能让地球永远不变，也不能抵制一切现代科技，恰恰是要用现代科技来解决问题。

人类今天大量使用煤、石油、天然气这些不可再生能源，产生较大的环境污染。其实人类可以通过很多其他模式来获得清洁能源，例如风能、水能、太阳能、潮汐能、核能等。

人类要从根本上解决环保问题，需要大量采用清洁能源，并找到高效率的清洁能源转化设备，找到可实现能源大规模存储的材料。这种材料找到之后，就可以把电能大规模地存储起来，使城市和乡村的能源供应做到随用随取，从而极大地降低碳排放，减少环境污染。

纵观人类历史，我们清楚地看到，并不存在人类越发展，环境污染越严重这样一个规律，地球有很强的自我修复能力，人类只有不断提升技术能力，才能让一切问题迎刃而解。伦敦、旧金山这样的城市曾经有过严重的污染，通过管理与技术，今天这些城市成为很清洁的城市。前几年北京的雾霾较严重，通过技术治理，现在也大为改观。很多技术能力被广泛采用后，有一天我们会主要使用取之不竭的能源——阳光，地球就有可能成为一个更加清洁的地球。

这一切都建立在强大的技术能力上，而不是抵制新技术、抑制消费、减少人口。

对于人类来说，拥有一个更加清洁的地球，不是不可能，可能性非常大，解决之道，不是回到过去，而是面向未来。

人类最大的危机是什么？

很长时间以来，人类对未来的担忧包括天灾、资源耗尽、严重的污染、生存环境被破坏。其实随着技术的发展，尤其是智能互联网和新能源技术、新材料的出现，人类长期以来担忧的问题，大多是可以解决的。

火山、地震，这些天灾基本上每年都会出现，对人类生存也造成了较大的危害，因而人类对天灾的恐惧、担忧是正常的。我们也不敢说人类就有战胜自然的能力，人类对火山、地震这类影响人类生存的灾难，并没有太好的办法。地球目前还比较年轻，地球爆炸导致人类毁灭，人类生存面临根本性的威胁，还是一件较为遥远的事情。

随着化肥、农药、机械化生产的广泛使用，绝大部分人类的生存已经不是问题，而人类适应天灾的能力也越来越强，例如地震、海啸，就可以通过智能化提供预警，减少灾害损失。经常发生地震灾害的地区，建筑物的抗震标准也大大提高，在一些发达地区，震级很高的地震造成的人员伤亡很小。

资源耗尽的可能性显然并不存在。太阳源源不断地向地球传送能源，我们可以将这些能源进行转化，成为我们人类可以利用的能源，人类正在寻找可实现高效率转化的设备。随着农业的工厂化、工业制造的大规模化、社会的智能化，信息可以通过硅材料进行超大规模的存储，人类也在寻找可实现能源超大规模存储的材料，我们已经看到人类解决能源问题的曙光。

当一种能源耗尽时，新的能源会出现。过去，人类可以利用的能源保存在柴草中，很容易有耗尽的可能。人类后来找到了效率更高的煤，又找到石油和天然气。当然，煤、石油和天然气是不可再生能源，会有耗尽的一天，但人类也在寻找新的能源及其转化方式，要是把风能、水能、太阳能、潮汐能等转化为可存储的能源，则远比煤、石油清洁，同时取之不尽、用之不竭。

人类只要找到新的能源存储方式，污染问题就能得到解决。

大量地采用清洁能源，就会极大地减少污染，还地球一个清洁的环境。

人类是不是不再面临危机？我认为失去动力是人类最大的危机。

当一种动物有着很大的生存压力，有着很强的求生欲时，它会让自身变得强大起来，这样才有较大的生存发展机会。百万年以来，生存危机一直横在人类面前。“好死不如赖活”这句中国俗语，淋漓尽致地展现了人类对待生活的积极和坚韧态度，求生欲、发展的欲望成为人类进步最基本的力量。对于人类来说，失去了生存的压力，也就失去了生存的动力。

随着物质水平的极大提高，对于今天的人类来说，生存不再是问题，甚至对于发达国家的人来说，生活得不错都不再是问题。随着智能互联网时代的到来，我们生活中大量的工作岗位将被机器人所取代，人类的生产不再是问题。

越是发达的国家，人们越是失去生育的欲望，一些国家开始步入低欲望社会，工作、创造、社会交往的欲望都大幅降低。在这种背景下，大量消极的、末世的情绪在社会蔓延，社会失去积极向上的氛围，人类生存的价值与意义被消解，反人类的生活方式、自我戕害成为一种时尚。随着这种氛围的蔓延，人类失去动力才是人类最大的危机。

失去动力的人类，会不会进入疯狂状态，社会情绪无法控制，最后做出毁灭性行为？今天全世界的人文学者还热衷于回望过去，而对人类未来的观察、研究、分析则很少。

“吃饱了撑的”是一句中国俗语，描述的是吃饱了饭之后，精力过盛，有些人做出奇怪不合常理的事情。今天人类就处在一个大量的人吃饱了撑的的时代，南非坚决反对核电，死刑被废除，学生不上课，逃学去参加社会运动，格雷塔·通贝里得到西方年轻人的广泛支持，成为一个新的偶像。另外，一些年轻人追星到了疯狂状态。这些看似反常的行为，其实并不反常，是人类物质生活基本满足、不再为生存而担忧时，找不到未来目标和生活意义的精神挣扎。

不再为生存担忧时，人类需要找到存在的意义，需要建立起精神家园。21 世纪，没有思想家为面向未来的人类树立一座灯塔，引导人类航行的方向，人类就像茫茫大海中找不到方向的小船，在模糊中探索着前进的方向。

对于人类而言，精神动力不可能在今天的地球上找到，地球在智能化的能力下，未来会被建设成为一个智能共产主义的世界，人类就这样永远平和、幸福、安详地生活，这显然是一个童话故事的结尾。人类需要面对新的问题，需要找到新的精神家园，面向宇宙，建立面向星际的中继通信系统，在宇宙中寻找新的机会，这将是人类更新的机会，也是人类的精神动力。

后　记

本书的写作正值新型冠状病毒肺炎疫情期间，也许没有这场疫情，我会因各种事务，没法静下心来完成此书。同时，这样一场疫情，不仅改写了这个世界，也改写了 5G 的发展进程。

疫情之前，我们说 5G，都是梦想。疫情之中，我们说 5G，都是刚需。

疫情之前，我们在推动 5G 的建设时，听到不少反对的声音，对于电信运营商而言，4G 大量的投入还没有收回，5G 单个基站的耗电远超 4G，运营商成本高，没有典型的应用，这些都是摆在大家面前需要回答的问题。

因为一场疫情，我们看到了整个社会对信息化的需求。一个非常典型的例子是，在疫情暴发后两周，浙江就开发出了安全码，通过智能化的体系进行管理，这让和湖北有大量人员往来的浙江很快控制住了疫情。而疫情暴发已经有一段时间了，吉林还在用小本子登记人员往来情况，这样怎么能做到高效率解决问题呢?

一场疫情显示了中国和世界很多国家的不同，其中非常重要的一点就是信息化的作用。强大的信息体系保证了在封城的情况下，物流是畅通的，所有人的情况可以及时了解，可以尽可能地分配各种资源，保证城市正常运转。疫情期间还需要更多的情感交流、信息沟通，高清视频需求旺盛。疫情让中国数亿在校学生转向了网络学习，需要为他们提供一个畅通的网络，这些其他国家都很难做到的事情，中国做到了。

所有的这一切，让我们看到信息化给这个社会带来的冲击与影响。我们也看到电信运营商还在说 2020 年实现地市级城市 5G 网络覆盖时，地方政府都希望能覆盖到县城，覆盖的速度大大提升。

一场疫情也更让产业界看清了 5G 的价值，并不是要为 5G 创造一批新应用，而是成熟的应用在 5G 网络下会有更好的体验，更大的机会。

能用是科研，好用是商业！

随着 5G 的到来，已经成熟的应用会出现全新的机会，5G 的价值不仅在于改变用户体验，还在于改变众多应用的商业模式。

作为新基建的排头兵，5G 在中国的发展速度会远超我们的设想，它对社会和经济的影响也会远超我们的想象。

对于关注 5G 机会的人来说，今天需要的不是观望和怀疑，而是探索和行动。哪一条路肯定是对的，没人知道，但是提高效率、降低成本、提升能力，一定是对的。

5G之后，世界格局一定会有更多的新变化，今天我们看到的更多的是外资、国家关系、贸易关系，其实它们最深厚的基础，是技术带来的社会生产能力。5G就是改变社会生产能力的重要力量！

5G 时代

什么是 5G，它将如何改变世界

项立刚　著

看懂科技新趋势，发现未来新机遇

一本把 5G 讲清楚的书

国际电信联盟秘书长赵厚麟作序推荐，工信部、中国移动、中国联通、华为、高通、爱立信、英特尔、GSMA 等领导专家联袂推荐。

在 5G 时代，智能感应、大数据和智能学习的能力将充分发挥，并整合成强大的体系。这个体系将改变生活的方方面面。

我们真正了解什么是 5G 吗？我们准备好迎接 5G 时代席卷而来的智能化和数据浪潮了吗？5G 时代会出现什么样的社会变化？我们该如何规划 5G 时代的生活？

读懂 5G，看清科技新趋势，发现未来新机遇。

新基建

中国经济新引擎

盘和林　胡霖　杨慧　著

新基建新在哪儿？怎么建？机会在哪儿？

一本书读懂新基建

京东集团副总裁沈建光作序推荐；中国工程院院士郭仁忠诚意荐读；腾讯、百度等众多专家倾力推荐。

本书围绕5G、特高压、城际高铁和城际轨道交通、新能源汽车充电桩、大数据中心、人工智能、工业互联网等七大领域，深入分析了新基建对中国新一轮经济增长的作用，不仅阐述了新基建各领域的现状、发展路径，还对新基建带来的机遇、难点、对策等进行了深度解读。

对广大政府工作人员、企业管理者和相关行业从业者来说，本书有利于读懂新基建，准确理解国家战略，把握政策红利。

图书在版编目（CIP）数据

5G 机会 / 项立刚著．—北京：中国人民大学出版社，2020.9

ISBN 978-7-300-28425-5

Ⅰ.①5… Ⅱ.①项… Ⅲ.①无线电通信—移动网 Ⅳ.①TN929.5

中国版本图书馆 CIP 数据核字（2020）第 136508 号

5G 机会

项立刚　著

5G Jihui

出版发行	中国人民大学出版社		
社　　址	北京中关村大街 31 号	**邮政编码**	100080
电　　话	010－62511242（总编室）		010－62511770（质管部）
	010－82501766（邮购部）		010－62514148（门市部）
	010－62515195（发行公司）		010－62515275（盗版举报）
网　　址	http://www.crup.com.cn		
经　　销	新华书店		
印　　刷	北京联兴盛业印刷股份有限公司		
规　　格	148 mm×210 mm　32 开本	**版　　次**	2020 年 9 月第 1 版
印　　张	8.75 插页 2	**印　　次**	2020 年 9 月第 1 次印刷
字　　数	155 000	**定　　价**	69.00 元